U0898881

敏感
就是我的超能力

[英] 安妮塔·穆贾尼（Anita Moorjani） 著
邓婧文 译

中国出版集团
中译出版社

图书在版编目（CIP）数据

敏感就是我的超能力 /（英）安妮塔·穆贾尼著；邓婧文译 . -- 北京：中译出版社，2022.1
书名原文：Sensitive Is the New Strong
ISBN 978-7-5001-6814-0

Ⅰ. ①敏… Ⅱ. ①安… ②邓… Ⅲ. ①成功心理一通俗读物 Ⅳ. ① B848.4-49

中国版本图书馆 CIP 数据核字 (2021) 第 249355 号

Published by arrangement with the original publisher, Atria Books, a Division of Simon & Schuster, Inc.
著作权合同登记号：图字 01-2021-6091

出版发行：中译出版社
地　　址：北京市西城区新街口外大街 28 号普天德胜大厦主楼 4 层
电　　话：(010)68359376，68359827（发行部）68002926（编辑部）
传　　真：(010)68357870
邮　　编：100044
电子邮箱：book@ctph.com.cn
网　　址：http://www.ctph.com.cn

责任编辑：温晓芳
助理编辑：陈逸轩
版权支持：马燕琦 王立萌
封面设计：北京锋尚制版有限公司
内文排版：窦志雯

印　　刷：北京中科印刷有限公司
经　　销：新华书店

规　　格：880 毫米 ×1230 毫米　1/32
印　　张：8.375
字　　数：120 千字
版　　次：2022 年 1 月第一版
印　　次：2022 年 1 月第一次

ISBN 978-7-5001-6814-0　定价：69.00 元

中 译 出 版 社

安妮塔·穆贾尼的其他著作

书籍

What If This Is Heaven? How Our Cultural Myths Prevent Us from Experiencing Heaven on Earth

《假若人间便是天堂：文化迷思如何阻止我们在人间体验天堂》

Dying to Be Me: My Journey from Cancer, to Near Death, to True Healing

《死过一次才学会爱：我从癌症、到濒死，到真正的疗愈之旅》

Love: A Story about Who You Really Are

《爱：一个关于真实自我的故事》

CD 和 MP3

The Near Death Experience Meditation

《濒死体验冥想》

Heaven, an Experiential Journey

《天堂，体验之旅》

赞语

《死过一次才学会爱》(*Dying to Be Me*)

“深深打动我的不只是这本书的内容，更是我与安妮塔·穆贾尼的友谊，在命运安排的一系列巧合下，她来到了我的生命里。”

——韦恩·戴尔博士（Dr. Wayne W. Dyer）

“穆贾尼把濒死体验描述为一次在无比清晰、广阔的异世界的奇妙之旅，在那里，所有人都‘只剩下存在本身’。但她选择了回来，并逐渐恢复健康……她坚持顺应自然的灵气治疗法就是自我实现——实现自身的伟大，实现与宇宙能量和世间万物的合一——她的这份坚持一直持续到今天。这部真诚的自传是每个人都拥有伟大本质和治愈能力的有力证明。”

——《出版商周刊》（*Publishers Weekly*）

《假若人间便是天堂》(*What If This Is Heaven?*)

“很多人害怕死亡，甚至害怕到无法全力以赴生活的地步。安妮塔·穆贾尼成功地打破了我们的传统思维，让我们重新认识了生与死，她还给了我们实用的工具，让我们有力量追求新生。这本书将释放你的灵魂，让你知道无须死亡，也能到达天堂。”

——乔·迪斯本扎博士（Dr. Joe Dispenza），

《纽约时报》畅销书《启动你的内在治愈力》（*You Are the Placebo*）作者

“这部讲述濒死体验的作品极富深意，它教给读者的最重要一课莫过于‘尽力过好此生’。在《假若人间便是天堂》中，安妮塔·穆贾尼驳斥了现行文化中根深蒂固的谬见。她用智慧带领读者走向健康与和谐：面对生活的挑战，真正地爱自己才是渡过难关，取得成就的关键。”

——埃本·亚历山大博士（Dr. Eben Alexander），

神经外科医生，

《天堂的证据》（*Proof of Heaven*）和《天堂地图》（*The Map of Heaven*）作者

共情者：残酷世界的“超人”

献辞

献给行走在世间的温柔灵魂；那些敏感、善解人意、不知疲倦地奉献自己、从不考虑自己需求的人；那些不知怎样停止自我牺牲的人。

这些温柔的灵魂是那些明明想说“不”，却还是说了“好”的人；是那些为所有人服务，却不为自己服务的人；是那些对照顾自己感到内疚的人；是那些曾经被伤害、被欺负的人；是那些看不到自我价值的人。

你压抑声音，缩成一团，好让别人感觉伟大；你遮盖自己的光芒，由于时间太久，甚至忘了该如何发光。

你读过太多有关心灵和自助的书籍，你祈祷过，沉思过，念诵过，一次又一次地原谅伤害你的人，结果却发现当你忙于自我救助的时候，外面的世界早已被人群中那些更响亮、更具攻击性的声音占领了。

这本书是献给你的。你的声音很重要，你的光芒必不可少。是时候面对真实的你，找回你的灵魂、你的生活、你的世界了！

引言

看到孩子跌破膝盖，你是不是好像也能感觉到疼？当身边的朋友焦虑不安、情绪低落，你是不是也会感觉不舒服？和某些人相处是不是总让你感到筋疲力尽？被人群包围是不是总让你局促不安？别人对你说谎，你是不是总能识破？面对请求，即使身体里的每一个细胞都在呐喊“不！”，你是不是最后还是会说“好”？是否有人说过你“太敏感”“太情绪化”“太软弱”或“太在意了”？有没有人问过你“为什么你就不能像其他人一样呢？”

如果你的答案都是肯定的，那么你很可能和我，还有其他许许多多的人一样都是共情者，我们高度敏感，能感受、吸纳他人的想法、情绪和能量。

共情者看待和感受世界的方式是独特的——我们对事物的感受比别人更深，我们的直觉非常敏锐。我们总以为其他人感知世界的方式和我们一样，但实际上，大多数人都和我们不同。因此，我们会觉得自己奇怪，和别人不同。我们和别人的界限往往是模糊的，我们总被责骂、欺负，并因此怀疑自己，厌恶自己。总有人让我们“脸皮厚一点”“坚强一点”，如果你是男性，你很可能还听过“像个男子汉”和“男儿有泪不轻弹”这些话。

批评和反对对我们的伤害最大。为了避免痛苦，变得合群，我们总想把自己塑造成我们想象中其他人期待的样子。结果，我们不是不停地讨好别人，就是彻底变成“门垫”*（这都不是真实的你）。因为害怕被嘲笑、被欺负、不合群，所以我们隐藏了自己的天赋和真实的自我，慢慢地，我们再也弄不清自己究竟是谁了。

我相信我们做的每一个决定、每一次选择要么让我们向着表达和接受最真实的自我迈进一步，要么让我们向着丧失自我，否定自我，最终患病后退一步。在我成长的文化中，不对抗、不显眼、取悦他人是被人称赞的美德。于是我让自己小一点，再小一点，直到几乎隐身的地步，很多时候，我甚至觉得要为自己的存在道歉。许多与我交谈过的共情者都有这样的感觉。当我们的历史，我们的根，都植根于一个推崇不对抗和取悦他人的世界时，我们会因为无法为自己发声，无法为周遭不公正现象的受害者发声感到无比沮丧。

这个世界有太多需要被治愈的人。我们的地球好像充满了危险，如果你每天收看、阅读新闻，或是经常浏览社交媒体，那么你很可能有这样的感觉：好像全人类正处于灭绝边缘。看看我们的媒体在报道什么——各种枪击、杀戮、政治战争，人和人因为矛盾不择手段地诋毁、攻击对方。人们越来越愤怒，压力越来越大，要是不和政治沾边，我们好像都不会说话了。我写这本书时，世界正忙于对

* 门垫（Doormat）一词在形容人的时候有“受气包”的意思，是指那些受到不公正待遇也不反抗，任由别人欺负自己的人。——译者注

抗肆虐的新型冠状病毒。互联网给我们的生活带来了许多好处，但它也放大了我们周围发生的一切。好像所有事情，不论什么时候，发生在地球上哪个角落，都在被实时播报。规则和行为准则都不复存在，这个世界让人压抑，喘不过气来。

对共情者来说，今天的世界就像一个雷区。我们总想对当权者——那些宣扬“适者生存”，不择手段登上顶峰的人——大喊“别再散播恐惧了，播撒同情吧！”但这样的呼喊和我们为人处世的原则是相悖的。公开发声不仅需要巨大的勇气，也会让我们暴露于他人的攻击之下，这又是许多人不知道该如何应对的。因此，仅仅是参与讨论的想法就足以吓退我们了。

但这也是共情者最应该站出来的时刻。

共情者拥有的，是我们的文化正在逐渐丧失的品质：敏感、共情、善良、怜悯。共情者一直存在，但今天，越来越多的书籍让更多人意识到了自己是共情者，而且这个人数还会继续增长。

克里斯蒂安•诺思罗普（Christiane Northrup）医生是《远离能量吸血鬼》（*Dodging Energy Vampires*）的作者，也是一位共情者。她写道：“共情者是极先进的灵魂，他们越来越多地来到这个世界，为改变过程中的至暗时刻带去光明。”[1]

这也是我为这本书取名《敏感就是我的超能力》（*Sensitive Is the New Strong*）的原因。

当我意识到自己是共情者的时候，我没有可用的工具，也没有可读的书籍——没有任何东西能帮助我从“隐身”走向“显身”。我想，如果能有工具帮助以前的我变成现在的我该有多好，然后我突然意识到，我应该自己动手创造这个工具！于是，这本书便诞生了。

我在这本书中讲到的工具和建议，一定和你以前读过的不同。我不会教你筑起铜墙铁壁，把自己和其他人隔离开来，这本书也不会讨论围墙、屏障和保护的话题。如果我们为了保护自己一直躲在墙的后面，那我们就永远不会走进世界，绽放光芒。

这是一本关于开拓、自由、与你的心中之灵建立联系的书。它鼓励你发出声音，尊重自己，关爱自己，教你接纳自己的全部，卸下所有的伪装。这本书的核心不是“做什么”，而是“不做什么”。一旦你学会了尊重自己，培养自己的天赋，我希望你能走出去，释放你共情天性的光芒，站上领导者的位置，成为人们的榜样！

我将这本书分成三个部分：共情者的世界、你与自己的关系、你与世界的关系。每一章都是我与困难斗争，最终接纳自己敏感天性的记录，其中还穿插着我的学生、读者、朋友和家人的小故事，他们每个人都有不同的经历。我希望这当中有一条路能启发你，让你鼓起勇气，用自己的方式摆脱不如别人的感觉，让你看到你能够成为领导者，能够治愈别人，能够用自己的力量做出改变。

这本书除了故事，还有曾帮助我接纳自己、尊重自己的相关信息、练习和工具。你会明白身为共情者究竟意味着什么，了解共情者可能面对的困难，知道作为共情者的我们有着怎样的天赋，或者说“超能力”。在这个过程中，你会明白你没有任何问题，你会发现自己的力量，找到那一条能带领你从受害者和“门垫”变成强者的路。你将学会接受并培养自己独特的敏感天性，让它不再是阻碍你、伤害你的理由。

阅读本书，你将学会向自己的内心，而不是外部世界寻求指引。你会明白“门垫”是怎么产生的，又该怎么防止自己成为下一张“门垫”；你会学会对自己抗拒的事情说“不”，让自己远离疾病，治愈自我。这本书还会谈到钱——教会你把获得与自身价值相匹配的收入当成发掘力量、尊重自己、尊重工作、帮助他人的重要一步。

我在每一章开头写下了一句祷文，目的是让你提高和集中注意力。在每一章末尾，我设计了一个简短的冥想，帮助你把整章内容更深地融入潜意识里。我想请你腾出二十分钟时间，找一个安静的地方，深呼吸四次，然后把语句重复八次，在心中默念或大声说出来都可以，每完成一次就再做四次深呼吸。全部完成后，闭上眼睛五到七分钟，让那些语句融入身心。

练习时，你有任何想法都可以记录下来。如果开始的几次没有任何想法，也请不要灰心，许多人把自己的直觉压抑了太久，就像缺乏锻炼的肌肉，再次使用前，要先给它热热身，让它放松放松。

你可能已经知道自己是共情者，但不知道怎样把天赋变成力量；你可能对共情者的身份还有迷惑，想更深入地了解这一人群；你可能对这个话题很感兴趣，但以前并不认为自己是共情者；你可能认为你爱的人身上有共情者的影子。不论你属于哪一种情况，这本书都是为你而作的。

我想请你想象自己用一种全新的方式去感受自己和这个世界，从爱，而不是从恐惧出发；向外，而不是向内蜷缩；去建立联系，而不是封闭自己。更真实，更有力量，与自己的直觉和最终目标更紧密地联系在一起的你，会是什么模样?

你准备好了吗?

让我们开始吧！

目录

第一部分

共情者的世界

第一章

你是共情者吗?

诗文:“我是一个人,不是一个角色。”

我躺在垫子上,呼吸着乳香和橙花油的雾气,慢慢把眼睛睁开一条缝,观察一旁正进行的仪式。这间屋子里还有其他四十个像我一样来参加仪式的人,萨满*围着我们转圈,用母语念诵着咒语,他的声音飞向高高的拱形天花板,又弹回来,在房间里不停回响。萨满拿着燃烧的鼠尾草棒在每个人的头顶画圈,他的助手在一旁朝空气中喷洒液体,那味道闻起来很像我在家里用的植物芳香精油。萨满的另一个助手挥舞着一根看起来像是鹿角的手杖,在鼠尾草制造的浓烟里画着各种图案。据说这个仪式能清除我们无意中在体内积

* 该词源自北美印第安语 shamman,原词含有智者、晓彻、探究等意,后逐渐演变为萨满巫师的专称,也被理解为萨满之神的代理人和化身。——译者注

存的有害能量——这种来源于都市生活的能量会让人疲惫、紧张、抑郁。

我闭上眼睛，几分钟后，我听到萨满和他身后跳着舞、击着鼓、挥舞着焚香的助手向我走来。我感觉到他低头看我，接着，一股浓烈的鼠尾草燃烧的味道向我袭来，一个低沉的声音在我耳边响起："站起来，跟我走。"

眼前的萨满穿着白色的衣服，披着白色的羽毛，身边站着两个助手。他招手示意我起身跟上，我环顾房间，其他人还躺在垫子上，神情恍惚。

萨满的两个助手继续敲打鼓点，念诵咒语，让其他人保持迷离的状态。我跟着萨满走到房间前面，那里一片漆黑，只有几支蜡烛摇曳着些许光亮。我知道这个仪式会持续整晚，但我已经没有了时间概念，现在是凌晨两点？三点？在哥斯达黎加丛林的这个大木屋里（我在两个朋友的鼓动和自己好奇心的驱使下来到这里，本来只是想放松一下，没想到竟踏上了一次自我发现之旅），在这个我从未参加过的仪式上，为什么只有我被单独挑出来了？

萨满坐在一张大大的柳条椅上，那椅背比他还高，像孔雀开屏一样呈扇形散开。他示意我坐在他面前的地上，我一边照做，一边感到既忧虑又兴奋：他要对我说什么？

"我感觉到你需要特殊治疗，"他说："我愿意帮助你。"

为什么是我?

“你不一样，”萨满仿佛能看穿我的想法，继续说道:“你到这里来的原因很特殊，我能感觉到你需要帮助。”

他让我闭上眼睛，然后把手放在我的头顶，开始念咒。接着他又让我躺在地上，朝我喷洒一种乳香和橙花油味道的液体，整个仪式持续了大约二十分钟。最后，他让我起身，我感觉晕乎乎的，有点分不清方向。

“你有特殊的使命，”他终于又开口了,“但你没有好好培养你的能力，你吸收了太多不属于你的能量。告诉我，你有没有经历过不同寻常的事? 你是特殊的，你的能量和其他人不同，你有天赋，但是你埋没了它。”

事实上，我的确经历过不寻常的事。我告诉萨满，几年前，我曾因为癌症差点儿丢了性命。我向他讲述了自己的濒死体验，告诉他是那次经历拯救了我，并让我下定决心把这段经历分享出来。已故的韦恩•戴尔博士（Dr. Wayne Dyer）在知道了我的经历以后，鼓励我完成了我的第一本书《死过一次才学会爱》（*Dying to Be Me*），也正是这本书让我在2011年站上了世界的舞台。内心深处，我知道这就是我的使命，我的命运——与他人分享我对这个世界的理解。我感到自己必须发出呼唤，让人们学会爱自己，勇敢地保持真我，说出真实想法，坦然地做自己，因为我们每个人都是天赐的礼物。

我的第一本书出版后，世界的聚光灯突然打在了我的身上，我小小的生活突然变得好大。虽然我觉得一切本该如此——这就是我的生活应有的模样，但这些突如其来的变化还是让我感到无所适从。

在濒死体验以前，我一直是个“隐形人”。我不惜扭曲自己的情绪去取悦别人，对自己的需求视而不见，在明明想拒绝的时候说“好”，遮盖自己的光芒换取别人的认可，或至少不让他们失望。我总是非常敏感，甚至能真切地感受到他人情绪上和身体上的痛苦。不仅如此，有时候，我对他人的感受比对自己的感受更加敏感，我总把自己放在最后，有时甚至对自己的存在感到抱歉！

我无处可藏，也不该躲藏，但情况的复杂程度远远超过了我的想象。成千上万的人找到我，希望我回答有关治疗方法的问题，他们想得到智慧、慰藉、联系。我很想帮助每一个找到我的人，但我做不到，因为我只有一副身体。仅仅是这个事实——我可能因为某种原因让一些人失望的事实——就让我痛苦不堪。

“你还有第二次机会，你有被治愈的天赋。”在那个木屋里，萨满直视着我，对我说道。“你的濒死体验打通了你和周围能量的联系，这是难得的天赋，但也是挑战和责任，因为你的敏感不只针对强大的治愈能量，对有害健康的能量也一样敞开大门。你没有必要去吸收每个人的能量，也没有必要牺牲自己去拯救每一个人，去费力地劝说那些不相信你的人。你唯一该做的就是让自己强大起来，和自己的内心保持联系，启发别人，让他们看到治愈的可能性，如果他们的命运本该如此的话。”

我坐在那里，思考着萨满说的每一个字。从来没有人用这样清晰有力的方式和我讨论过我的人生。

“如果你不注意集中精神，”萨满接着说，“你会在帮助别人的时候吸收他们的能量。负面的能量可能会影响到你的情绪，进而会影响到你的健康。”我惊讶得睁大了眼睛。“你得保护自己，”他说，“有一件重要的事等着你去完成，只是现在你还没有意识到。你的第二次机会是天赐的礼物——感悟的天赋和一次机遇，别浪费了。”

他的话震动了我身体的每一个细胞 ，也让我不得不思考一个问题：如果这个天赋既是幸运又是不幸，就像一把双刃剑，那我该怎么让自己强大起来，保持精神集中？我该怎么理解自己在濒死体验中经历的一切，又能怎么让它发挥作用？我该怎么保护自己，同时更好地为他人和自己服务？其他像我一样高度敏感，甚至过于敏感的人又是怎样获得力量的？我想不到更好的办法，也没有任何可用的工具。

下面是我在濒死体验中经历的事情：

2006 年 2 月 2 日本该是我生命的最后一天。那天，医生告诉我的家人我的霍奇金淋巴瘤（淋巴癌的一种）已经到了末期。癌细胞已经转移，从颅底扩散到了我的乳房、腋下，直到腹部。我的肺部满是积液，我吸收不了任何营养。一直处于昏迷状态的我，器官已经开始衰竭，死亡好像就在眼前了。

就在我快要死去的时候——我能清晰地感受到医生、护士的焦急，以及家人的不安，甚至能听到医生说的话（“虽然她的心脏还在跳，但是现在做什么都没有用了”），突然，我感觉到了某种无比宏大而奇异的东西，那感觉震撼极了，后来在写作《死过一次才学会爱》的时候，我把“某种无比宏大而奇异的东西”用作了其中一章的标题。再没有其他词语可以形容那种感觉。简单地说，我的肉体快要死了，但我、我的灵魂、我的本质、我的存在并没有死！我感觉好极了——轻松又自由。疼痛和恐惧都消失了，因为身体疾病而产生的恐惧、对死亡的恐惧，都不见了。

我感受到周围一切事物的广阔、复杂、深沉。同时，我感到自己是某种有生命的、无限的、奇异的东西的一部分，它像一张展开的巨网，超越任何图像和声音。我身处一个无比清晰的世界，我能感受到所有人之间的联系，所有人都是宇宙的组成部分。我明白了自己的每一个想法、每一个决定是如何把我带到此刻的境地——躺在病床上，即将死于癌症。

终于，我在这种超然的状态下迎来了抉择的时刻：是回到病床上的身体，还是继续向另一个世界前进？起初，我一点也不想回去，我为什么要离开这个好地方？但突然间，我感受到了父亲的存在，他十年前已经去世了，现在，他或许是来帮助我做选择的。“你的时间还没到，”他说，“还有重要的事情等着你去做，你得回到你的身体里去。”

“我为什么要回到那个病怏怏的马上就要不行了的身体？”我向父亲抗议。

当然，我们不是用语言交流，在我的成长过程中，我和父亲的关系并不是特别亲密，但我就是知道他想告诉我什么，只是这种感受用“心电感应”形容未免太弱了。父亲希望我明白，我已经看到了真实的自己，知道了自己患癌的原因，如果我回到身体里去，癌症或许有痊愈的机会。在我决定回来的那个瞬间，我听到父亲对我说；“回去吧，去勇敢地生活！”

于是我回到自己的身体里，我睁开了眼睛，从昏迷中醒来。五周后，医生说我的身体已无大碍，除了“奇迹”，他们也无法解释这一切。

共情者生来不同

我结束哥斯达黎加的旅程，回到家里，开始搜寻自我保护和建立边界的信息，一个词反复进入我的眼帘——“共情者”。我对这个词并不陌生，但我从来没有特别留意过它。过去也曾有人说过我是共情者，但我都一笑置之，因为我觉得那不过是个标签，不管对或不对都没什么意义。但我现在对它很感兴趣，于是我用最普通的方法开始“研究”——上网做了一套自我测试题。天啊！三十道题里我中了二十九题！网络测试或许显得不太科学，但如果这是值得信赖的人推荐的，你不妨借助它了解一些自己的弱点和力量。这本书的深度将远远超过那些测试，但你仍然可以选择它们作为你了解自己的起点。或者，你也可以做一做本章末尾我设计的测试题（在我的网站上也可以找到）。

看到测试结果后，我决定做进一步研究。我读了很多分析共情者的书籍和文章，明白了为什么我总是不能坦然地做真实的自己。我懂得了共情不是某种可以摆脱的状态，我必须停止因为共情而怨恨、折磨自己。不仅如此，我还要学会接纳自己，爱自己，和我的共情本质和平共处。我知道了自己总在挣扎的原因，那就是世界上的大多数人都和我有着不同的体验。

这些感悟彻底改变了我对自己和他人的看法，我发现许多被我作品吸引的人都是共情者。我开始在活动现场和观众做互动测试，我会首先请自认为是共情者的观众举手示意，通常 80%~90% 的观众会举起手。也有很多人从来没有听过“共情者”这个词，不知道它是什么意思，这时我会念出一串特质，然后再次询问刚才的问题，这一次往往会有更多的观众举起手来。这样的场景每次都会震撼我，于是我下定决心用更多的时间和精力去研究共情者应该怎样生活，开发能为共情者所用的工具。这不仅是为了我自己，更是为了所有的共情者。

在深入分析共情者的世界和他们的特质以前，我想先告诉你，你不用像我一样经历死亡才发现自己的能力。你可以在任何时候使用这些天赋，有的人生来就是共情者，但他一辈子都没有察觉，或是不知道该怎么形容那种感觉。有些人或许不是百分之百的共情者，但他们有很多敏感特质，也能感觉到自己和其他人不同。

“和其他人非常不同”这几个字还是会让我难过，因为我从濒死体验中体会到的最重要一点是，作为生命体，所有人的构成都差不多。离开身体以后，我们每个人就只是纯粹的本质、爱、神性、灵性，所有人都相互联系着。而拥有实体的我们必须先接纳自己的不同，然后才能感受到与他人始终存在的联系。当我们接纳了自己的不同，接纳了其他人和他们的不同，我们就学会了尊重世间万物的多样意识。

我相信这种相互联系存在于所有人的本质之中，但当我们来到物质世界，进入这副身体的时候，却把这个事实忘得一干二净。每个人在物质世界中所处的环境都不相同，这些环境——包括家庭、文化、成长过程和其他无数经历——影响着我们的个性和心理（关于这个概念，我会在之后做详细说明）。我相信人的本质是善良的，我们都在尽力把事情做好。我不认为有谁会故意伤害别人，伤害总是出于无知、恐惧和求生欲，即在当时的情况下，我们相信（不论对错）再没有其他办法能解决眼前的问题了，为了实现自己的意愿和信念，我们只能限制别人的选择。

这些环境让我们不断积累恐惧、愤怒，整个社会和其中的每一个人仿佛都患上了失忆症，没人记得自己真实的模样。对共情者来说，这种失忆症的危害是巨大的，我们超常的敏感很可能变成萨满口中的双刃剑：既是幸运，也是不幸。

弄清敏感和共情的区别非常重要。伊莱恩·阿伦博士（Dr. Elaine Aron）是第一个把高度敏感者的世界描绘出来的人，后来，人们沿用阿伦博士在她的开创性著作《高度敏感者》（*The Highly*

Sensitive Person）一书中的用法，把这类人称为“HSP”（Highly Sensitive Person 的首字母）。阿伦博士认为，高度敏感者占人类总人口的 15%~20%，他们神经系统的生理构造生来就和其他人不同[2]。在这些高度敏感者中，只有一小部分是共情者。共情者拥有高度敏感者的全部特质，但他们的感受更强烈得多。朱迪思·奥尔洛夫博士（Dr. Judith Orloff）在她的著作《共情者生存指南》（*The Empath's Survival Guide*）中说道，共情者不仅能感受，还能吸收周围的能量，不论是积极的还是消极的。“我们不像其他人那样拥有过滤外部刺激的屏障，我们实在太敏感了，”她说道，“那种感觉就像用长了五十根手指，而不是五根手指的手去感受东西。”[3]

我能在自己的生活中看到高度敏感者和共情者的不同。我的丈夫丹尼（Danny）有敏锐的直觉，他总能在人们还没说话的时候就知道他们需要什么，他天生是照顾人的一把好手。但他不是共情者，因为他不会吸收其他人的能量，他的舒适不以他人的舒适为前提。但我却必须确定其他人是开心的，否则我的状态就会受到影响。这也是为什么共情者更有可能讨好别人——只有身边的人开心，他们才能开心，所以他们永远在拯救和帮助别人。

很多人在我的社交媒体留言，也有很多观众在活动现场找到我，说他们的情绪长期处于超载状态，因为他们永远在拯救别人、帮助别人，很难对任何人说“不”。他们顾及不到自己的需求，因为别人的需求总显得比他们自己的更迫切、更重要。

事实上，共情者还能感受到他人的能量场，就好像我们可以同时接收数个电台的信号一样。但我们往往很难区分自己的电台信号——或者说我们自己的北极星向我们发送的信号——和别人的电台信号。这会干扰我们，让我们感到困惑，甚至疲惫不堪，因为别人的需求掩盖了我们的需求，而且我们还在不停地吸收他们的频率和能量。

更糟的是，很多遇到问题的人，那些需要倾诉和安慰的人，总是涌向共情者，因为我们是难得的"异类"。我们高度敏感，能真正地倾听、理解他们的痛苦。共情者是拯救者、奉献者、治愈者，我们为别人的难过而难过，能感受别人的感受。但这个天赋也有不好的一面：如果我们不知道自己如此敏感的话，我们会浪费这种能力，耗尽自己的情绪和体力，最坏的结果就是我们能很好地治愈他人，却无法治愈自己。

我在濒死体验中看到了自己的不同，知道我应该行动起来，去指引其他共情者。我相信正是自己过去对共情者应该怎样生活的无知（甚至不知道我就是共情者）、持续的自我消耗和吸收他人能量（还有隐藏真实的自己）让我差点儿送了命。我亲身体验了放下自我批判、自我怀疑、寻求来自外界的爱与认可之后的生活，我知道了这一切的秘诀就在于接纳真我，勇敢、认真地对待生活，让自己发声——

这些对共情者来说总是特别困难。我体会到了做到这些之后的美好生活，我知道了自己是大自然的作品，我们所有人都是。我以前从未意识到这些，所以我不允许自己表达意见，总想着："我有什么资格发声／追求我想要的／打破常规？"我总是怀疑自己，习惯把别人放在自己前面，觉得谁都比我重要、比我强。但濒死体验告诉我，我是大自然的作品，我在这个世界上有自己的使命，禁止自己发声无异于消灭了大自然的一部分声音。

想象一下——我们都意识到了自己是大自然的一部分，懂得了自己是世间万物的一分子——如果我们知道自己能做到这些，生活还会和现在一样吗？

人有六感，却生活在五感世界

我相信人生来就有六感——即除五感之外，还拥有五感无法解释的直觉。它可能表现为能感受到五感无法感受到的事物、预见未来将要发生的事、共情或其他能力，但出于各种原因，大部分人丢掉了与生俱来的第六感。我们都有知道某事将要发生，或是确信某事绝对不止眼前看到的这样简单的经历，这就是直觉——知道什么才是真的，这也是共情者能力的基础，但许多人失去了这种直觉天赋。拥有六感特质的人似乎比一般人更懂得我们与他人、与宇宙之间的联系（第三章会详细讲述这一点），但在成长过程中，我们总被教导不要相信直觉，于是，我们慢慢学会了忽视它、压抑它。

很多共情者甚至不知道自己有第六感。我就曾经毫无感觉，直到那一次濒死体验重新打开我的第六感，我才知道它真的存在，而且始终都在。虽然我早已忘记了这一部分的自己，但它回来的时候我却感到无比熟悉。我甚至想不明白，过去那些年我是怎么在没有它的情况下生活的？

你也可能因为一次经历打开第六感，比如某种紧急情况（有人需要帮助，或是你自己需要帮助）或某种创伤。也有些人一觉醒来突然感觉到它回来了，或是第一次感受到它的存在。

我们生来就与万事万物有着紧密的直觉联系，但我们身处的世界却不承认这种第六感。对一些人来说，这种内心的感受就和其他感觉——比如听觉和视觉——一样，甚至更加强烈。你可以想想婴儿，他们总是不用睁开眼睛就知道妈妈来了；还有我们的宠物，它们也能在还没有看见或听见主人的时候就知道他们快到家了。

我养过一只小狗，它的名字叫“宇宙”，它总是在我还有五分钟到家的时候守在门口，没有一次例外。不管它在干什么，在房子的什么地方，只要我还有五分钟到家，它一定会跑到门口等我。我说的五分钟是开车的五分钟，也就是大概一英里*的距离。那时我和丈夫住在一栋公寓楼里，我刚走进一楼的电梯，“宇宙”就开始在关着的房门背后摇尾巴。丹尼和我总是对它敏锐的直觉惊叹不已。

我们的文化告诉我们直觉不是真的，而是人的某种想象。小时候，你也许有过别人看不到的朋友，对你来说那些朋友是真实存在的，但家人却笑话你，说那些不过是你想象出来的。也许父母曾让你拥抱某个亲戚或朋友，但你却感觉到他们不怀好意，于是一直躲避。父母再三把你推向他们，叫你不要害羞，不要没有礼貌。你还记得

---

* 一英里≈ 1.6093 千米。——译者注

自己当时是什么感觉吗？这些都是我的亲身经历，当时的我感到羞愧、怪异、困惑，最后，我只好不再去想那些事，不再去想我的直觉，我相信这也是其他很多人的选择。许多人在来信中说他们不得不隐藏一部分的自己。因为和别人不同，所以他们被身边的人嘲笑、欺负，在学校和家里被惩罚，想想这样的自我压抑是多么痛苦！

我们的第六感和其他五感一样真实。你可以这样理解：假如你没有五感中的一感，你一定会觉察到它的缺失。想象一下，如果从出生的那一刻起，你就被要求闭上眼睛，被告知睁眼看世界是非常危险的，你或许会发展出特别敏锐的直觉来弥补视觉的缺失，就像是内在视觉，但这改变不了你失去了用肉眼欣赏世界之美的天赋这一事实。

这意味着你看不到颜色、天空、彩虹，对河流、山川、树木、星星、云朵的模样一概不知。当你还是个孩子，你可能曾有几次忘了要闭着眼睛，于是你看到了周围的世界，还把你看到的告诉了大人们。可是他们听完却说："那些都是你想象出来的，要是你还想在这个世界好好生活，那就把眼睛闭好！"想象一下那个世界：在那里，我们所有的发明和科技都是以闭着眼睛生活为前提产生的。

于是你学会了闭上眼睛，因为你想合群，不想让别人失望。然后你变成了只有五感的人——你有直觉、听觉、嗅觉、触觉、味觉，但没有视觉。你去上学，学校里的所有人，包括老师，都闭着眼睛。

你毕业了，进入职场，工作的时候也还是闭着眼睛。你生活在一个由没有视觉的人为同样没有视觉的人创造的世界，每个人的直觉都很敏锐，但没人看得见任何东西。可是其实他们可以看到，如果他们相信视觉存在，如果他们愿意睁开眼睛。

想象有一天，已经长大成人的你突然想起自己小的时候曾经能看到东西！你回忆起自己曾经还有一种感觉，但人们告诉你那只是你的想象。你依稀记得外面世界的样子，你想找回那个感觉，渴望再次看见那个更广阔的世界。于是你开始尝试各种办法，想要和小时候曾经瞥见的世界重新建立联系。

你在户外玩耍，草地比你记忆中的更绿，你不仅能听到潺潺的溪流，还能看到它。你还看到了路上的石头和灌木，因此能轻易地绕开它们，避免受伤。你能看得很远，甚至只用看就知道远山和自己的距离！过去，你可以通过嗅觉知道大海有多远，但现在你可以看到它了。你能看到海面变换着颜色，海岸和自己的距离，当你来到沙子与海水接触的地方，你甚至看到了半透明的状态——这个概念是你以前完全无法理解的。

试想一下那种清晰的感觉，想象拥有了这种新的感觉，你的生活会变得和以前多么不同。

接着，你把自己的发现告诉了身边的人：“睁开眼睛吧，那感觉棒极了！我们真的有第六感，只是我们一直压抑它。它真的存在！

而且你也能拥有！没什么好怕的，它会让你活得更精彩、更轻松！”

你为自己的发现兴奋不已，恨不得站上屋顶向全世界呐喊。“真的，你们可以张开眼睛，这样生活会更轻松的！”但人们却对你说：“不，你不能睁开眼睛，那简直是大不敬，它和我们学到的所有规则都是相悖的。”他们说你在挑战现存的所有科技，那些能提供收入和就业的科技，他们要你再次闭上眼睛。你不禁想：“为什么那么多人的想法是错的？可是权威人士也这样说，那事实一定和他们说的一样，一切都是我想象出来的吧。我不想冒险了！”你不想因为和别人不同而被踢出群体之外。

你还要面对未知带来的恐惧，因为除了你，没有人睁着眼睛，你无从了解可能存在的风险或陷阱，也没人能告诉你睁着眼睛应该怎样生活。如果周围没有人用和你一样的方式感知世界，你会感到非常孤独。你甚至不知道该怎么表达，因为语言是双方为共同了解的事物赋予特定发音的共识，如果所有人都闭着眼睛，就不存在用来形容可视世界的词语。比如，如果没人能看到颜色，也就不存在指代不同颜色的词语。

最后你终于明白，你居住的这个世界是由闭着眼睛的人为同样闭着眼睛的人创造的。没人理解你，因为你的感受是他们从未感受过的，甚至没有词语能形容你的感受。你会开始怀疑这是否是你的想象，或者是你的错觉。你会再次闭上眼睛，只是为了融入这个世界。

在我看来，这个假想的情境完美地解释了为什么共情者总在挣扎——我们明明拥有六感，却身处由坚信自己只有五感的人创造出来的世界，并被迫相信我们也只有五感。当然，我们关闭的不是视觉，而是直觉。直觉和其他所有感觉一样强烈，一样真实，但我们已经习惯了把它当作想象，对它视而不见。

当我们否认直觉——我们感觉的六分之一，我们也否认了一部分自己。这就是为什么共情者、高度敏感者和直觉敏锐的人在生活中感到挣扎的原因。他们被迫放弃了一种本能，一种能对他们的生活产生积极作用的感觉，这让他们失落、困惑。

共情者和其他人不同，明白了这一点，我感到轻松了很多。我总结出了诀窍，那就是看到这种不同，然后接纳它。这些年来，我的学生、读者和我分享了很多他们的经历，那些故事让我深受启发，帮助我更加深刻地理解了作为共情者的我们应该怎样成为真实的自己——停止不惜一切甚至是伤害自己去保护、造福他人。我直到经历了临床死亡才彻底“解锁”了自己的共情能力，但这并不是说你也要经历死亡才能获得力量，你要学会保护自己不被这种力量所伤害。接下来，我会把我的工具、经历以及我同事的故事分享给你，帮助你了解真实的自己——六感俱备、共情、伟大的你。在这本书的最末，你会明白，共情就是一种超能力！

测一测：你是共情者吗？

下面的题目能帮助你了解自己的“共情指数”，用“是”或“否”回答这些问题，然后统计得分。

1. 你害怕伤害别人的感受，不想让别人失望，因为你能感觉到他们的痛苦（甚至比他们更加痛苦）。

2. 你愿意为自己的行为负责，有时甚至会为别人的错误埋单。

3. 你容易受人控制，甚至被人利用。

4. 你无法坦然接受别人的赞美、礼物、服务和好意，总觉得必须马上把“人情”还清。

5. 你同情他人，包容他人的脆弱、不安和错误。不论对方是谁，你总是善良以待。

6. 你比别人更了解他们自己，因此人们在遇到困难和麻烦的时候总会找到你。即便这让你疲惫不堪，你也从来不拒绝他们，因为你能感受他们的痛苦。

7. 你的直觉非常敏锐，总能知道没人告诉过你的事情。这种“知道”和“猜想”是不一样的。

8. 你总能察觉对方的心口不一。

9. 你温柔对待他人和这个世界。

10. 你对治愈术感兴趣，包括替代疗法。

11. 你倾向于帮助处于劣势的人，而且总能在人群中快速发现他们。

12. 你不喜欢穿别人的衣服，因为你能从这些衣服上感受到别人的能量。它们会让你感觉自己不像自己。

13. 你喜欢做白日梦，你的内心世界丰富而深沉。你富有创造力，充满幻想，渴望自由创造的空间。

14. 惯例、角色、控制让你感到压抑，你喜欢按照自己的节奏做事情。

15. 你对抽象、非物质的事物着迷。

16. 你乐于服务、帮助他人。

17. 你对自我提升和自我救助感兴趣。你想要进化，渴望学习，希望成长。你不只希望自己进步，也希望人类进步，并愿意为此贡献力量。

18. 在某些地点，比如宗教场所、过去的战场（即便是鲜为人知的）、某位历史人物的故居，你会时不时地被曾经到过那里的人的情绪所淹没。

19. 大自然让你感到平静。

20. 你喜欢花花草草，也很会照顾它们。即使没人指导，你也知道该怎么施肥、浇水，把哪种植物种在哪个地方。

21. 你能感知食物的能量，知道哪些食物能补充你的能量，哪些会消耗你的能量。

22. 你和动物很亲密，它们也愿意亲近你。

23. 你一直难以融入社会 / 世界。对你来说，生活中的许多事情就像电视里的广告，好像和你没有任何关系。

24. 如果身边有人生病，你也会出现他们的症状：恶心、头疼、发冷等。但只要他们离开，你的症状就会慢慢消失。

25. 你在人群里很难放松，也放不开自己。你需要独处，需要一个远离他人能量的空间，否则时间久了你会烦躁不安。

26. 人多的地方，比如商场，尤其让你难受。

27. 许多人喜欢大声感受音乐，但这对你来说是精神折磨。

28. 旁边有人的时候，不论他们是谁，不论你们在哪里，有时你会把他们的想法误以为是自己的想法。

29. 有时为了理解对方的想法，你会陷入对方的思绪，反而弄不清自己在想什么了。

30. 你会突然产生某种强烈的情绪，而且你很清楚那种情绪不属于你。比如你正独自走着，想着自己的事情，突然感到一阵悲伤、愤怒或开心。当然，最后一种可能并不是坏事。

31. 因为你能接收他人，甚至世界上各个角落的能量，所以你很容易感到不安和恐惧。一件很小的事就能让你感到害怕、焦虑、紧张、压抑。

32. 你不喜欢恐怖、悲伤、抑郁的电影和书籍，它们甚至能让你生病。

33. 你很容易分神（因为任何事都能吸引你的注意），这导致你很难在课堂、会议、聚会上集中精力。你永远不会到咖啡店去写作业、改报告，哪怕是写网络日志。

34. 你总感到身心俱疲。即便睡够了八小时，喝了很多水，没有烦心事，但你还是只想躺着。

来看看测试结果吧

• 如果你有 1~9 个"是"，那么你有部分的共情倾向。你能较好地隔绝他人的能量，但有时也会分不清和他人的边界。能量疗法对你会有很大帮助，比如气功、指压按摩、般尼克疗愈法*、灵气疗法等。你的直觉比较敏锐，尤其是对与你关系密切的事情，你总能在问题发生以前有所察觉。你懂得照顾自己，但你可能对某种食物、污染物或其他东西过敏。和其他共情者不同，你能较好地适应都市生活。总的来说，你的共情本质没有影响你的工作和生活，你属于自己，能够把自己和别人区分开来。

• 如果你有 10~19 个"是"，那么你是一个中等程度的共情者，你的得分大概占总分的一半。你直觉敏锐，很可能喜欢大自然，喜欢海边。你有时享受城市生活，但也需要时不时地回归自然去补充能量。你能较好地保护自己的气场和能量场，但偶尔也会受其他人的能量影响。你可以试试上面提到的能量疗法，它或许也会对你有所帮助。

• 如果你有 20~28 个"是"，那么你的得分是比较高的，你可以基本确定自己是共情者了。你直觉敏锐，总能识破别人的谎言。你可以考虑做一名能量治疗师或治愈者，因为这与你的天赋相符。你喜

---

* 般尼克疗愈来自一个单词，名叫"普拉那"(Prana)，其本意为生命能量和疗愈。因而，般尼克疗愈是一种非接触、非药物的辅助疗愈方式，使用普拉那能量来疗愈广泛的物理身体及心理疾病。——译者注

欢亲近自然，尤其是水。你有影响周围情绪、能量、气氛和环境的天赋。

你需要注意区分别人的和自己的气场。你可能倾向模仿他人，包括他们的能量。你的测试结果显示学习能量流动（让能量在体内流动，疏通淤堵），筑牢根基（与大地连接），保护气场（“韦氏大词典”* 将其定义为“从所有生物体内散发出来的能量场”）将对你大有益处，我会在第三章详细介绍这些方法。

你乐于助人，想治愈这个世界，但请不要着急，在治愈他人之前，你应该先治愈自己！能量疗法会对你很有帮助。

• 如果你的“是”超过 28 个，那么你是个完全的共情者。你的直觉极其敏锐，几乎任何谎言都逃不过你的眼睛。你是天生的治愈者，你深爱并欣赏自然，在潜意识里，你知道自然能治愈你。你能看到万物神圣的一面，你拥有智慧，有强大的能力去影响和改变周围的情绪、能力、气氛和环境。

你要学会区分他人的和你自己的能量。你对世界上的苦难感同身受，我在后面章节介绍的冥想——学会爱自己，使用自己的内在认知，表达感谢，和意识之网相连——会对你大有帮助。你倾向模仿他人和他们的能量，这说明你任由自己的高阶能量（一种高于你能量的力量）在外面的世界里风雨飘摇（即别人能轻易控制、影响你的能量）。比如，在感觉沮丧、痛苦、恐惧的朋友身边，原本开心、

* 韦氏大词典：美国出版的冠有韦氏字样的一批英语词典的统称，主要指梅里厄姆英语词典系列。——编者注

满足的你情绪会发生变化，也开始感到害怕、悲伤，因为你任由别人的感受压制了你的感受。你要学会控制自己的能量，建立强大的边界。这些内容贯穿全书，但我会在第三章和第六章做重点介绍。

不论你的测试结果如何，不论你的敏感 / 共情程度处在哪个范围，这本书里的故事、例子、冥想练习都将帮助你强化直觉和边界，让你用自己的共情天赋找到属于你的力量。

冥想——提升直觉

这个练习能帮助你学会倾听直觉、信任直觉。关于章节末尾的冥想练习，我在简介部分已经做了说明。

“我允许直觉与我对话。

不论是声音还是画面，我都认真对待。

我关注身体的感受，比如平静、安宁、舒心。

我尊重每一个细微的想法、画面、感觉和情绪，我知道这是我的灵魂在与我交流。

我信任自己的直觉，我知道它在为我着想。”

第二章

共情是福还是祸?

诗文:“敏感就是我的超能力!”

共情者拥有许多强大的天赋,但天赋也可能带来极大的痛苦。如果你是共情者却不自知,就像曾经的我一样,你会越来越虚弱,总觉得有哪里不对劲;要是不能让所有人都满意,你就觉得自己特别失败、没用;你不尊重自己的价值,不懂得为自己所爱的工作争取应得的报酬。即便你知道自己是共情者,但如果不学会正确使用直觉的话,你会被这个天赋束缚住,因为你误以为所有人都比你重要而无法发挥全部潜能。

我们的弱点或“不幸”,在于无法将别人的需求、情绪和我们自己的区分开来,而且总是更加在意别人的感受。这会让我们偏离自己的内心,卷入他人的麻烦,总感到肩上特别沉重。我们不停挣扎,想融入这个并非为我们而创造的世界，就像上一章说的那样：我们拥有六感，却生活在五感世界。

但这一切的罪魁祸首——我们的敏感，恰恰是我们的“幸运”和天赋的一部分。它把我们与另一侧的世界连接起来（第三章会详细叙述），给了我们敏锐的直觉和与生俱来的治愈能力，让我们能自然而然地爱护、照顾他人。不仅如此，共情者还是天生的最佳听众，我们体贴、认真，富有同情心和创造力。

在这一章，我会首先带你了解敏感对共情者造成的困扰，然后和你一起发掘它美好的一面，让你知道怎样通过它接纳真实的自己。

厌恶批评 / 渴望认可

对共情者来说，儿时的那句“棍子石头，弄折骨头；人的话语，毛毛细雨”从来都不是真的。批评的语句仿佛会在我们的身体里炸开，让我们痛苦不已。假如有一个女孩，她自信阳光、热爱生活，有一天，别人告诉她：“要是你不这么吵，大家会更喜欢你。”一些孩子听了可能毫不在意，觉得这不过是讨厌的父母想讨个清净；但敏感的孩子听了就会立刻安静下来，因为她相信这是真的——没人喜欢她真实的样子。

负面想法——我不好，我比别人差，我不够优秀——一遍又一遍地在我们的脑海盘旋。以我自己为例，每当有人批评我，或是我批评自己的时候，我的胸口、肚子、脑袋都会出现生理反应，有时我会感到心跳加速，体温升高，脸好像烧着了一样。我的许多读者和学生也有类似的反应，还有人说他们感觉被批评的时候会血压升高、双腿打战，甚至想要晕厥。

因此，我们总是极力逃避纠正和批评的声音。可用力过猛，我们就变成了只知讨好别人的人。你要明白，如果你想尽办法讨好别人，其实你是把自己的力量给了他们。你只做别人想让你做和能得到别人认可的事，完全不顾自己内心的声音。

你会丧失力量，失去和内在指引的联系——这是回避批评的副作用，它让你对他人的认可上瘾。看看你是否对下面的例子感同身受：

听到有人说“你做得很棒，你天赋异禀，你见解独到”，这时你想：“天啊，我终于有点用了，我终于做对了一件事。”后来，认可的声音消失了，你的失落感被敏感放大了无数倍，你的身体开始出现一种类似“战逃反应”*（Fight or Flight Reaction）的症状，你的心脏怦怦地跳个不停，这时你又想：“我做错了什么让他们不再肯定我

---

* 当人的情绪在极度状况（如惊吓）下，交感神经系统往往会集体活化起来，所释放出的去甲肾上腺素与肾上腺素就会造成全身内脏器官的大量活动。这种因为交感神经系统的集体活动所产生的全身性反应称为“战逃反应”。——译者注

了？可能我根本不是自己想的那样？我怎么能对自己那么自信？我居然觉得自己很棒，简直太可笑了！”

这样的场景是不是很熟悉？

长此以往，我们会沦为认可的奴隶，沦为不认可我们的人的奴隶。这个话题贯穿全书，但现在，你只需要知道这本书会帮助你更好地面对批评、遵从内在指引就足够了。

“门垫”速成指南

我们倾向于讨好他人，也因此更容易成为社会中的牺牲者和“门垫”。如果你曾在没有犯错的情况下向别人道歉，因为不想反驳而假装同意所有人的观点，害怕拒绝别人，认为自己理应照顾别人感受的话，那么你一定知道我在说什么。“门垫”属性让我们极力回避冲突，做自己根本不想做的事来讨别人开心，和完全合不来的人维持关系。这些倾向会让我们彻底偏离我们灵魂的目标，盲目听从别人的指挥。

在一次分享会上，温蒂（Wendy）起身讲述了她和丈夫的故事，他们结婚已经三十年了。温蒂双臂交叉放在腹部前面，谨慎地四下看了看，然后说道：“我嫁了个自恋狂。一开始我完全没看出来，还觉得他很有魅力。后来我读了很多文章，这才知道他是自恋狂，而且我们的婚姻咨询师也说他是。不过后来他再也不愿意去咨询了，因为他说'咨询师根本就是胡说八道'。我总是想尽办法讨好他，因为我想和他和平相处，小心翼翼得就像踩在鸡蛋壳上，但任何一件小事都会让他觉得是对他的轻视。后来，只要他一回家，我就感到心里一沉。"

她挺直了背继续说："结婚这么多年，他从来没有为这段婚姻做过任何事，他永远都只顾自己。有一次他得了重病，每个人都以为他快不行了，但我始终陪着他，照顾他。过了几年，我也生了一场病，而他却嫌弃我，觉得我是个累赘……甚至动手打我。"温蒂说着，眼睛看着地面。

"温蒂，"我问，"你为什么不离开他？"

"我不想惹他生气！我对他还有感情！"

她太想讨好丈夫，甚至完全迷失了自己，对她来说，她自己的需求已经不重要了。

我特别理解、同情温蒂的处境，这可能和我成长的文化环境和对两性差异（我会在第十章进一步讨论）的认知有关。

我的父母在印度出生长大，所以从民族上看，我是印度人。成长过程中，我一直接受着印度文化的熏陶。印度有包办婚姻的习俗，由父母决定孩子的结婚对象。在我 13 岁以前，也就是 20 世纪 80 年代的时候，我的父母一直以“好妻子”为目标培养我。八十年代初，我成了辛迪•劳帕（Cyndi Lauper）*的忠实粉丝，我喜欢模仿她，学着她的样子打扮自己。我把头发喷成了鲜艳的粉色和紫色，穿得花枝招展，一遍遍地听着《女孩就是要开心玩》（*Girls Just Want to Have Fun*）跳舞。这首歌让我感到自由，它歌颂的力量和自我表达都是我所追求的。每当我释放内心的辛迪•劳帕，我都感到无比自由！

但辛迪•劳帕——她的自由，她毫无顾忌的自我表达——和我“应该”成为的女性形象完全相反。我的父母，尤其是我的父亲，一再恳求我穿得“印度”一些，或至少保守一点。虽然年纪还小，但身为共情者的我内心充满了斗争，我不想伤害父母，不想让他们整日担心我会变成一个老姑娘。他们总在担忧别人会怎样看我，那种情绪也影响着我，积压在我的心头。终于，我再也无法承受他们的失望，就像无法承受他们为我选择的道路一样。

但我必须说明，我的父母很爱我，他们希望我按照传统习俗出嫁不是要“虐待”我，而是坚信这是为了我好。他们不明白如果我要接受这些习俗，必须先熄灭自己的光芒，让自己蜷缩起来，忽略我内心真实的声音。那时的我也没有意识到因为共情，我很难不带罪恶感地对别人说“不”。

---

* 辛迪 · 劳帕（Cyndi Lauper），1953—，美国歌手、制作人、演员。辛迪 · 劳帕于 1983 年出道，*Girls Just Want To Have Fun* 是其第一支单曲。她夸张、大胆的造型在当时掀起了新的时尚浪潮。辛迪曾获格莱美奖、艾美奖、托尼奖等。——译者注

想要取悦父母的心情让我越来越难区分“我想要的”和“父母希望的”。一开始，我要求自己根据父母的期望做出改变，后来，我的“依据范围”越来越大，囊括了我身边所有的人——朋友、同事，甚至陌生人。最后，全世界都成了我必须改变的理由，我再也接受不了任何人对我的不认同。不论对方是学校的老师、我的朋友，还是街角商店的店员，我都竭尽全力想得到他们的认可。

小时候的我腼腆、内向。我去的那所学校里面几乎都是英国孩子，只有我是棕色皮肤。正式入学前，母亲带我到校长办公室面试，我记得那位女校长噘着嘴、皱着眉头，表情非常严肃。她的神情好像在说：要是我真的给你机会在这么好的地方上学，你应该觉得自己走运了，你必须加倍努力证明你配得上这里。虽然那时我还是个孩子，但我敏感地察觉到了她的想法，在刚进入校园的那段时间，我也的确是那样做的。可能这也是我总被欺负的原因——我认为自己没有价值，不配待在那里，就像人们形容的“待宰的羔羊”。

直到青少年时期，我依然觉得自己没有价值，必须努力争取别人的认可。遭受了不公正对待，我不仅不会维护自己，反而会加倍讨好对方，想让那些不尊重我的人认可我。慢慢地，辛迪·劳帕的声音在我的心里消失了，那里只剩下无休无止的斗争。我和父亲关于追求梦想的对话无一例外都以争吵收场，所以我把这个话题收进心底，再也不提了。

我相信这些故事能引起很多读者的共鸣，如果你也是其中之一，那我想告诉你一个好消息：你不用再当“门垫”了！现在我就要带你去发现力量。

“易受害体质”

共情者总把自己的力量拱手让人，所以我们更容易产生被害者思维，总觉得所有人，甚至全社会都对我们不公。当然，如果真的有人伤害你，你一定要为自己发声，因为只有把握住自己人生和所处环境的主动权才能让生活继续向前。我知道总有一些情况比较棘手，让人难以释怀，但你要知道没人应该永远做受害者，你的目标应该是夺回对生活的控制权，包括在必要的时候寻求专业帮助。

但是，对一些人——尤其是总在讨好别人或被人欺负的人——来说，他们似乎总是缺乏动力去摆脱受害者身份，找回自己的生活。受伤的经历让他们止步不前，不愿再承担生活中的任何风险，好像责怪他人和客观环境就能避免别人注意到他们自身的失败和不足。

如果你总在讨好别人，或许是因为你尝到了受害者思维的“甜头”，比如：

人们会同情你，即便你不说，他们也愿意照顾你。

你更有可能在不要求或者不强求的情况下满足自己的愿望。

你被批评的可能性更小了——我们已经知道讨好别人的人有多讨厌被批评了。

这也是你不采取行动的理由。

换句话说，受害者身份变成了可以让人保持被动，在与人交往的过程中得到好处的工具。而这些被困在被害者身份里走不出来，或者不愿出来的人，往往就是那些总在讨好别人的人。

在一次研讨会上，五十出头的雪莉（Sherry）和我们分享了她八十七岁母亲的故事。她说从记事起，母亲就一直和家里人说她的心脏不好，活不了多久了。“我们什么都顺着她，用各种办法哄她开心，大家都想让她在剩下的日子里过得开心些，不想给她任何压力，害怕影响她的身体。但那‘所剩无几的日子’越拖越长，事实上，她很可能比我们所有人都要健康。”

小时候，雪莉因为听话很受宠爱，这也是讨好别人的人共有的特点。“我一辈子都在讨好母亲，”她说，“我不惜一切照顾她的感受，总是担心她会突然去世。”雪莉说，其他兄弟姐妹都走出去了，开始了各自忙碌的生活，只有她还在围着母亲转，而且母亲不论什么事都会找她。“我嫉妒其他兄弟姐妹的生活，”她说，“他们想度假就度假，说走就走！但我却走不了，因为我会想万一我离开的时候，母亲出了什么事呢？”

雪莉自己的身体情况也不好，但她依然把母亲的需求摆在第一位。

这绝不是说我们不应该在父母——或者符合这一情况的任何人——需要的时候照顾他们。在这个例子当中，雪莉从小建立的是一种异常的“受害者”关系模式，这种模式让她的内心充满了怨恨。她的母亲总在扮演受害者以博取家人的关注，而雪莉，这个总在讨好别人的女儿则永远说不出那个“不”字。

如果你正在经历类似的情况，你需要学会重视自己，勇敢拒绝，打破这个有害的关系模式。我会在下面的段落和后续章节继续讨论这个问题。

感官超载

共情者容易感官超载，并因此想逃离一切。那感官超载又有哪些表现呢？过量的工作、拥挤的人群、噪声、经历或看到暴力事件——不论是真实的还是虚构的——都会对共情者的感官造成很大压力，影响我们的身体和情绪。比如我就看不了《权力的游戏》（*Game of Thrones*），那里面的画面会让我生病，我的观众中也有近一半人有类似的感觉。

许多人在来信中说他们觉得看电视是一种折磨，因为电视节目里有太多的暴力和压抑，尤其新闻栏目最为严重。美丽的地球上竟发生着如此可怕的事，这让他们感到恶心。一位在新闻公司工作的女士写信给我，说她一直不明白为什么自己总是生病，直到她在一次活动上听我讲了共情者和共情者的特质。她说她顿时想通了，因为我提到的特质她几乎全部都有，而她的工作需要接触大量的犯罪案件，导致她的感官一直处于超载状态。弄清生病的原因以后，她开始在每天的工作间隙给自己多留一些安静的休息时间，回到家，她会泡一个热水澡，减轻白天的工作对她造成的影响。不久之后，她调动到了专题报道部门，身体就再没有出现问题了。现在，她非常享受工作。

生活在高科技时代，点击几次鼠标就可能让我们的感官超载。从古至今，人类从未有过像现在这样稳定的信息来源。电视新闻一刻不停地播着，网络红人的动态一条接一条地发着，这些信息不断挑动着人的神经，让人不安，甚至恐惧。不仅如此，无数的网络论战充满了尖酸的讽刺和刻薄的话语，所有人都在迫不及待地站队表态，不论是普通人还是国家总统。我们不停地点击鼠标，也不停地内化着这些无处不在的信息所引发的恐惧和焦虑。

让我们感官超载的也可能是周围的人，尤其是那些渴望关注和情绪失控的人。但即便知道感官超载是这些人造成的，共情者也总是很难与他们斩断联系，因为我们害怕让别人失望。这类关系往往在开始时一切都好，但时间长了，共情者的感官会无法承受越来越重的负担。这种情况并不少见，比如长期照顾病人或特别挑剔的人（包括需要特殊帮助的亲人、爱人、朋友），受困于虐待关系，受到上司的不公正对待或是处在糟糕的工作环境中，这些都会引发我们内心深处的矛盾情绪，要是具体情况还牵涉我们爱的人，那结果只会更加糟糕。

共情者容易感官超载——也让我们容易失去和内在自我的联系——的另一个原因是感官超载不仅体现在心态上，还会反映在身体上，从本质上说，感官超载是一种情绪感受。换句话说，其他人的病症会出现在我们身上，其他人的能量总能伺机进入我们的身体，因为我们无法区分别人的和我们自己的情绪。想象一下这种感觉：你能感受到所有人的能量，不论是痛苦、难过、悲伤、快乐、幸福，还是忧伤，只要它们进入你的空间意识，你就照单全收，甚至意识不到这些情绪根本不是你的。

这也是共情者在拥挤、吵闹的地方总感到感官超载的原因。共情者会把周围人的能量吸收进自己的能量场里，所以我们自然会在拥挤的城市和商场里感到疲惫。如果我们的感官持续处于超载状态，我们会筋疲力尽，甚至出现头疼或其他更加严重的症状。我患上癌症的时候就是这样的感觉。

社交媒体不停播报负面新闻，向我们输出大量的焦虑，而我们的能量场容量有限，不可能无限吸收别人的焦虑、恐惧和压力。一旦超载，我们就分不清哪些情绪和想法是别人的，哪些是自己的了，这会让我们丧失自我认同感。

我们的情绪容易受其他人影响，因此我们更容易形成回避冲突、讨好他人的性格，因为冲突也是造成感官超载的原因。但回避冲突又会导致其他问题，比如因为害怕批评而忽略了自己的需求，任由沮丧情绪在心中累积，不想让他人失望而隐瞒真相，一直把真实的自己锁在黑屋里——一个恶性循环就这么开始了。我们不知道怎么与人交往，因为我们不会用和平的方式解决冲突的问题，这是需要学习才能掌握的技巧，而关键的第一步就是接纳冲突，而不是回避它。

一些共情者为了保护敏感的内心会“长出”坚硬的外壳，这看似不符合我们不愿与人对抗的作风，但请不要被表象骗了，这其实是共情者应对感官超载的一种特殊机制，我把它称为“保护层”。它就像一个罩子，包裹着我们敏感、共情的真我，帮助我们把伤害阻挡在外面。可能导致感官超载的情况越多，我们的保护层也就越厚。

这个保护层可能是冷漠、疏离的态度（让人难以建立亲密关系），也可能是通过酗酒、暴饮暴食等方式逃避现实。现实环境越是残酷，我们就生出越多的保护层把自己和外面的世界隔绝开来。

这时，积极的举动——例如加入十二步项目*（当然，十二步项目和类似活动对于无法解决自身问题的人有一定的积极作用）或紧急自救小组——也可能让共情者披上更多的保护层。换言之，保护层或许能帮助我们解决上瘾的问题，建立强大的边界，但它却未必解决得了根本问题，即我们对感官超载的敏感。

* 十二步项目（12-Step Program）是一类旨在帮助人们克服物质成瘾、行为成瘾和强迫症的互助组织。该项目最早在1930年由一个名为匿名酗酒者（Alcoholics Anonymous）的戒酒组织发起。——译者注

敏感也是一种美

凡事都有利弊，共情者与更高自我的联系比所有人都强。我们渴望遵从更高自我的指引，这就是我们的力量。

如果你懂得听从更高自我的召唤，生活中的一切都会变得顺利起来。

但如果你抓不住自己的力量，你就会失去和内在认知的联系，生活也会越过越糟。这种两面性带来的痛苦——我们与更高自我的联系和它对我们发出的呼唤，还有我们把自己的力量拱手让人的倾向——可能会让共情者不惜一切地回避批评或寻求认可，只要能减轻痛苦，我们什么都愿意做。我们能听到内心深处的呼唤，但又不得不为了融入这个五感世界而改变自己，这会让我们沮丧，甚至产生自杀倾向，或是依赖药物去麻痹内心的痛苦。谁又最能感受内心的痛苦呢？没错，还是共情者。

回想濒死体验前的生活，我发现自己也曾因为害怕批评失去了力量，我压抑自己的敏感，我的生活也因此偏离了轨道。总有共情者想压抑这份敏感，但这样做其实没有任何帮助，因为正是敏感打开了你的六感世界，你的六感世界又与万物相连，如果你抛弃了自己的敏感，你就同时屏蔽了很多信息。更重要的是，你要意识到自己的力量正白白消散，你应该把这股力量导入你的内在世界，或更高自我。

现在，我非常注意倾听内心的声音，我把自己的经历分享出来，是希望你也学会倾听你内心的声音。它会拯救你，指引你，帮助你改变现状，让生活好起来。这也是唯一能让你的天赋发挥最大作用的方式，是这些天赋造就了你的温柔、善良、睿智和慷慨，也是它们把你和另一侧的世界联系起来。

这让我想起了意大利艺术家米开朗基罗（Michelangelo）在被问到是如何将粗糙的大理石雕刻成美丽天使的时候，他回答："天使一直都在，我只不过是把多余的石头去掉，让它解放出来罢了。"这启发了我的思考：我们敏感的自我是否就是被困在大理石中的天使？和内在神秘建立联系的方法是否就是去除"保护层"——那些多余的石头，解放真实的自己？释放天使难道不比深深掩埋它要好吗？

冥想——接纳你的天赋

第一次练习你可能会觉得别扭、不自信，但请不要着急，继续坚持下去。

给自己一点时间——可能是几分钟、几天或是几周，你会慢慢相信这些话，发现真实之我的美。

“我相信敏感是一种力量，是我的超能力。

它是我的一部分。

我爱真实的自己，我接受自己真实的模样。

我不需要任何人的认可去接受我和我的敏感天性。

我不会再因为自己的敏感而放弃、折磨自己。

我的敏感自有它存在的道理。

我的灵魂选择这些经历自有它的意义。

敏感是稀有的宝石，拥有它是我的荣幸。”

第二部分

你与自己的联系

第三章

共情者该怎样生活?

诗文:“我像水,温柔而强大。”

接纳你的六感,世界会更加广阔。当你睁开双眼,就像我们在第一章说过的那样,一切都会变得更加明亮、强烈。如果你长期压抑自己的天性,隐藏和别人的不同,你会一下子就被感觉、情绪和认知的潮水淹没。你要允许自己去感受这一切,去深深地感受。你会发现这些新的感受往往夹杂着痛苦,但你也会收获巨大的喜悦,而存在于这份喜悦当中的,是自由。

有人说,当他们接纳了自己的六感,生活中的“共时性”* 现象也变多了。他们感觉受到了指引,不再觉得自己渺小、不如别人,也

---

* 共时性(Synchronicity)这一概念最早由瑞士心理学家卡尔·荣格(Carl Gustav Jung)于1930年提出,用于解释两个或多个毫无因果关系的事件同时发生,其间似乎隐含某种联系的神秘现象。荣格认为,这些巧合都是有意义的。——译者注

不再认为共情是必须隐藏起来的弱点。他们完全接纳了自己的天性，相信这是天赐的礼物，认可它是自己与众不同、值得骄傲的地方。

当你接纳了自己的共情本性，一切都会变得不同。你的生命将拥有更加深刻的意义，你会感到有一个目标正指引着你。你会非常快乐——回归真我，与周围的神秘世界更紧密地联系在一起。你应该睁开双眼，但你也需要一些工具去适应增强的意识。

就像之前提到的那样，我在经历了濒死体验和后来在哥斯达黎加与萨满僧人见面后，我的手头没有任何工具——没有可参考的书籍，也没有可依照的规定。但我不想再压抑自己的敏感，因为这正是让我陷入癌症窘境的原因——不愿承认一部分真实的自己。我不希望这样的事发生在你的身上，所以在这一章，我要把给了我最多力量的工具分享给你，让你在阅读本书的同时，逐渐建立起面对和接纳自己敏感天性的基础，同时，发现属于你的力量。

“断联”

外部世界纷繁嘈杂，我们锻炼能力的第一步就是学会处理感官超载的问题。我们必须弄清是什么阻碍了我们接收内心的指引，然后把障碍物清除出去。这需要我们把外部世界的音量调低，只有这样，我们内心的声音才能被听清。

你可以先从简单的做起，比如每周关闭电子设备至少一天——整整二十四小时。没错，这包括你的电视、手机、电脑，每周至少一天，除了接打紧急电话，不使用任何电子设备。慢慢地，你可以把时间延长到一周两天，就像禁食排毒一样，把每天不断涌入身体的噪声和信息清理出去。如果每周断联一到两天对你来说不现实，你可以找一个适合自己的方法，比如每天晚上断联三个小时，起床后也继续断联一段时间。不论什么方式，只要适合你，能发挥作用就行。

记住，社交媒体是所有媒体中最恼人的，因为它无处不在。电子设备把我们和社交媒体无时无刻不地捆绑在一起。一看到新消息，我们就急着回复，这种急迫感会转化为压力。各种消息不停地打断我们，让我们分心。有些智能手机成瘾的人连开车都在发消息，完全不顾生命安全。一天当中，社交媒体的消息不断渗入我们的身体，骇人的新闻刺激着我们的神经，让我们处在高度紧张的状态，而那些吓人的消息究竟有多少是真的，又有多少是被有意夸大的，我们不得而知，毕竟恐惧总是能博人眼球。

这也是我讨厌电视上频频出现"突发新闻"的原因。有时候，名人、政客的一条推特竟和地震、校园枪击案、战争这些性命攸关的事件一样，前者得到的关注和播报时长一点也不输给后者。这种不平等、不平衡感会加重感官超载。就像列数着比病症本身还要可怕的副作用的药品广告一样，那些广告本身就不健康，和让患者幸福健康的目的是相悖的。

乔•迪斯本扎（Joe Dispenza）博士在《启动你的内在治愈力》（*You Are the Placebo*）一书中写道，如果把某个想法植入人的脑海，尤其是重复多次以后，这个想法就可能生根发芽，开花结果[4]。由此可见，如果我们整日被与疾病相关的信息所轰炸，而我们本身又比较容易受影响的话，那我们很可能会真的生病（我会在第六章深入分析这个问题）。如果我们总是面对悲剧和死亡的新闻，就很可能陷入精神焦虑的状态。对于极容易受到影响的共情者来说，情况只会糟糕无数倍。

我们会对“喷子”（网络上只想和人争吵、捣乱、让人不安，喜欢发布煽动性言论的人）和在网络匿名的保护下肆意发泄恶意的人发出的尖酸讽刺和垃圾言论耿耿于怀。但重要的是，作为共情者，我们要忠于自己的共情天性，不要觉得我们只有变成那些人（喷子）才能对付他们。

这并不是说解决感官超载的办法就是逃避，像鸵鸟一样把头埋进沙子里。相反，我们只需要稍稍改变使用媒体的习惯，给宁静留一些空间。这是与内心指引保持联系的唯一方法，它也将帮助我们对人类做出更大贡献。

和“内在神秘”建立联系

获得力量、增强天赋的下一步就是和内心的指引建立联系，也就是我所说的“内在神秘”。如果你坚持练习和自己建立联系，很快，你会在头脑和精神中寻得一片空地，而此前它们充斥着压迫感官的纷乱思绪。

这就像空调工作时，你注意不到它的噪声，但空调一停，你突然听到了“寂静”的声音一样。你会和自己更紧密地联系在一起，在生活中发现更多的“共时性”现象。比如，你正想着某人，他/她就打来了电话；或是突然间，你一直想不明白的问题被别人无意间解答了；又或者你正在思考某事，广播突然开始播放歌曲，那歌似乎是唱给你听的，让你的疑惑一下就有了答案。

你还会感到目标更明确，思维更清晰。你可能突然知道了应该怎样和一个曾让你头疼的同事或家人相处。或者，如果你是一位艺术家，你会感到灵感在体内涌动，推动着你拿出一件又一件好作品，不论是音乐、视觉艺术、写作或是别的什么。这是因为你在自己的能量场中为这种指引的力量腾出了位置，不再像过去那样，让不属于你的力量占据那个地方。

任何时候我们都可以倾听内心的声音，拥有清醒的认识，但我们往往因为感官太过繁忙、紧绷，负荷过重而无法进入这种状态。如果这种情况已经持续多年，我们会逐渐习惯这种状态，认为这才正常。很多时候，我们甚至意识不到积攒在我们头脑和身体中的恐惧和压力根本不属于自己。这也就是为什么我们必须尊重、强化自己敏感天性的原因。

共情者往往生来就具有强大的精神力量和敏锐的直觉，在《共情者生存指南》中，朱迪思•奥尔洛夫博士写道：与高度敏感的人不同，真正的共情者“能感受到细微的能量，这种能力在东方的治疗传统中被称为‘生命气息’（shakti）’或‘性力’（prana）”[5]。有些人“经历过刻骨铭心的灵性体验或直觉体验”，“甚至能够与动物、自然和他们的内在指引沟通交流”[6]。

我和自己的内在指引就有着这样的联系，和我共事的其他共情者也是这样。你可以把这位向导称为“内在神秘”“自我”“更高自我”任何一个你觉得合适的名字。我从小就能听到它的声音。青少年时期，我能够听到它在头脑中对我说话，在我遇到困难，比如被欺负的时候，给予我指引。“别害怕他们，”那个声音说，“你比他们强大。虽然现在看起来可能不是那样，但你有我们，你是安全的。”那时的我不是总能接纳这个声音，事实上，我曾经害怕它，因为它说的和外部世界说的太不一样了。于是后来很长一段时间，我都听不到那个声音了。

共情者总在内化他人的痛苦，无论是情感上的，还是肉体上的。这不仅会制造杂音，让我们失去和内在神秘的联系，还会让我们精疲力竭甚至生病。对我来说，这更是差点儿要了我的命。如果我能早些学会接纳内心的声音，留意它对我说的话，我想我的生活会与现在非常不同。

内在神秘就像是我们心中的导航系统，把我们与我们灵魂的目标联系在一起，让我们有力量抵御外部世界的狂风骤雨。它还能帮助我们建立和整个宇宙的联系——一种超越一切信仰、信念、宗教、教条的联系。因此，我们必须尊重它，即便它的声音和其他人不一致。

可仍然有很多人选择压抑这些声音，断开与内在神秘或指引的联系，放弃自己的能力，这主要出于三个原因：对批评的厌恶，对认可的需求，还有精神导师马特·卡恩（Matt Kahn）在《为你而作：饱含爱意的灵魂进化指南》（*Everything Here Is to Help You: A Loving Guide to Your Soul's Evolution*）中所说的，共情者相信“如果我们和其他人一样，大家就会更喜欢我们”[7]。许多人在来信中谈到过这样的事，他们甚至一生都在为此烦恼。

小时候，我总感到自己和神秘事物紧紧联系在一起，我总能知道一些不可能提前知道的事情。我的家人把一切都归结为我的

“幻想”，但他们不得不承认我就是和别的孩子不一样。比如，家里的电话响了，我总能在还没有人接起电话的时候说出是谁打来的，而且我说的总是对的。这不是瞎猜，我真的知道是谁。那时还没有手机，也没有来电显示。有时我正哼着歌，然后我哥哥打开收音机，电台里放的正好就是那一首歌。还有一次，爸爸从日本出差回来，我对哥哥说：“我真希望爸爸快点到家！他给我们带了惊喜，我的是一个玩具小狗，你的是一个玩具放映机，这些都是从日本带回来的！”我不可能提前知道这些，但就像你猜想的那样，爸爸带回来的就是这两样东西。

我相信每个人的内心都有这样的声音在时刻指引着他们，而且我也相信我们生来就有与万物的联系。孩子们生动的想象、隐形的朋友、对其他人感觉和情绪的高度敏感都是最好的证明。孩子们好像有一只耳朵是专为内心的声音而生的。他们总能看似没来由地说出令人惊叹的见解和充满智慧的话语。但就像我说的，他们会很快失去这种感知能力，因为人人都说这不过是想象而已。最终，他们会把这种敏感彻底封存，成为合群的一员。

最近，我在一期为脸书直播（Facebook Live）的观众录制的每周视频中谈到了与另一个世界的联系，并请观众分享他们的经历。其中一些故事非常精彩。玛利亚（Maria）分享了一个关于她母亲的梦。她说母亲住得离她很远，一天夜里，她梦到母亲哭喊着寻求帮助。玛利亚从梦中惊醒，她清楚地记得母亲在梦中呼救的样子，她想重新入睡，但那个梦太过真实，让她感到焦躁不安。第二天早晨，她从家人那里得知前一天夜里母亲去卫生间的时候摔倒了，躺在地上喊救命。幸运的是，有人听到了母亲的求救声并帮助了她。她的母亲摔坏了髋关节，现在已经完全恢复了。当玛利亚的母亲躺在地上的时候，她想到了自己的女儿，她担心没人听到呼救，自己可能就要没命了。“如果还有这样的事发生，”玛利亚说，“我会比以前更加小心。我会打电话请人去查看母亲的情况。谢天谢地这次有人帮了我们。”

程（Cheng）也分享了他的故事：一天夜里，他正在开车，接近十字路口的时候绿灯亮着，于是他开始加速，想在红灯亮起前冲过路口。突然，他听到一个声音大喊：“停下！”他不知道那个声音是从哪里来的，那声音不大，甚至十分细微，但却无比坚决、短促、清晰。他急忙踩下刹车，紧接着，一辆巨大的半挂卡车闯过红灯，在他面前飞驰而过。如果当时程没有停下，那我们很可能就听不到这个故事了。

每个人都有关于预感的故事，有的是感受到生病或去世的亲人给自己传来消息，有的是孩童时期感到自己和那个看不见的世界紧紧联系在一起。许多人都说无法和别人自由地谈论这些事情，因为他们害怕被人当成疯子。

根据我的经验，那些内心深处有着向往更加美好世界的渴望的人总是无法长久地停留在一个地方，他们终其一生都在寻找一个根本不存在这个物质世界的地方。他们或许已经工作，但总会出神地注视着窗外的天空，渴望去另一个地方；他们可能是教室里的孩子，但课桌上摊开的书本根本无法牵住他们的思想，他们早已跟随思绪去到了某片遥远的土地。也许这种对说不清道不明的某种事物的渴望正是诗人威廉·巴特勒·叶芝（William Butler Yeats）在《在世界被创造出来之前》（*Before the World Was Made*）这首诗中所说的“我在寻找我曾经的面孔 / 在世界被创造之前的面孔”[8]。

加强我们与内在神秘的联系就从这里开始。那些认真倾听内在指引的人总是活在当下，不论从事什么工作——砖瓦工、邮递员、艺术家或治疗师，都能乐在其中，因为他们相信自己的生活本该如此，他们愿意听从自己灵魂的呼唤。

你应该相信自己的内在世界是真实存在的，因为它的确存在，而且你还要让它强大起来。不是只有“少数幸运儿”才能得到内在世界的指引。一些人幻想的，某位神明从宇宙俯视地球，说“你看我们要不要选这个女孩？好吧，那就选这个女孩，还有那个男孩，其他人就不管了”这样的事是不存在的。这个能力属于每一个人，但你的确要付出一些努力才能得到它。我们的内在指引一直在给我们发送这些信号。你听得越认真，得到的信号就越多，听见的次数也越频繁。

内在指引一直都在对你说话，但想不想听、想听多少，由你决定。

接下来，我将说明共情者应该怎样联系、接纳、强化自己与内在神秘的联系，把属于我们的独特力量握在手里。

与意识之网相连

濒死体验让我明白，人的自然状态应该是自由而无拘无束的，不受孤独、愧疚或生活中的任何烦恼所累。我们越是释放、挣脱那些不断给我们制造麻烦的情绪，越是能清晰地感受到我们与内在神秘、与广袤宇宙——我们的自然家园——之间的联系。

就像我们随时可以用电，只需要插上插头一样（即使我们看不到电的存在），存在于我们无限自我当中的直觉智慧也可以随时为我们所用，只要我们愿意与它相连。建立连接的办法很多，比如清除让人踟蹰不前的情绪包袱（关于这一点，我会在第八章进一步说明）；原谅而不是一直怨恨那些伤害过我们的人（但这并不代表我们认可那些人的行为，或是允许他们随意闯入我们的生活）；感恩生活中的一切美好和所有让我们感到轻松、解脱、自由的事物。

我把人的无限自我称为“我们与纯意识的联系”，在我看来，意识就像一张巨网，把所有人连在一起。这也是我在濒死体验中感受到的——所有人都相互联系着，就像同一张网上的一个个结点，我把这张巨网称为“意识之网”。想象一下，你、我、他，所有人都连接在一起，只不过连接我们的不是有形的细线，而是能量。你看不到这种联系，但直觉告诉你它就在那里，你能感受到它，感受到那种能量。

日常生活中，人们大都意识不到这张网的存在，直到死亡来临，人们离开肉体。事实上，我们的意识始终与世间万物相连，这当然也包括世界上的每一个人。在我昏迷不醒的时候，我离开了自己的身体，那时的我能感受到所有人的感受，比如医生的束手无策和我家人的悲痛欲绝。通过这张巨网，我和所有的时间、空间相连，我不仅知道病房内的一切，也知道病房外正在发生什么——我的哥哥正跨越大洲飞来看我，我看到了自己所有的前世景象，特别是和我此生的家人存在联系的前世景象。时间和空间仿佛都消失了，我感觉自己可以在同一时刻经历所有时间。

这张巨网存在的证据无处不在。我在上一章讲到了我的小狗“宇宙”，它总是能在我进门前五分钟就知道我快到家了。我相信我们的宠物、所有的动物，还有婴儿，都能通过这张巨网感受到他们与其他事物的联系。人们在来信中和我分享了许多与动物、婴儿、小孩神秘的“预知能力”有关的故事，而这种“预知”仅仅依靠五感是不可能做到的。

还有另一位女士来信，说她有一只小狗，晚上，小狗通常睡在她的卧室外面。有一天，小狗无论如何都要和她一起睡在床上，她想把小狗赶到外面，但怎么赶都没有用，于是她只好让小狗留下，心想它一定是觉得孤单，需要陪伴了。半夜，她接到父亲的电话，得知她的母亲刚刚去世了。她听到消息后，眼泪簌簌地往下掉，此时那只小狗就在她的身边，依偎着她，舔去她脸上的泪水。整整一夜，小狗都陪着她，一步没有离开。她相信那只小狗一定是提前知道了她的母亲在那晚将会离开，也知道她会非常难过，需要安慰。这些敏感的生灵能清晰地感知这些事情，就像此刻的你能触摸到手里的纸质书或电子阅读器一样。

但许多人不允许自己去感知这种联系，因为他们想合群，想融入这个世界。从小到大，总有人告诉我们，每个人都是独立的个体，我们要不停地与人竞争才可能获得“胜利”。我们生活在一个“要么征服，要么被征服；要么杀，要么被杀；要么吃，要么被吃”的世界里，但事实是每个人都在影响他人，也在受他人影响。我们就像同一只手上的手指：一根手指受伤，整只手都会觉得疼，我们不是孤立的手指，手掌把我们紧紧连在一起。

不论有没有意识到，我们始终都和自己的精神相连。要真正掌握自己的情绪或精神力量，我们要做的不是“修理”自己，也不是给生活多穿几件“外衣”，更不是用精神教条或是伪装成自我提升的自我否定层层包裹自己。就像米开朗基罗用大理石雕刻出美丽的天使一样，我们要做的是去除这些束缚，清理干扰我们“内在雷达”、阻碍我们和内在神秘相连的错误信念、思维模式、恐惧和不必要的压力。

增强你的能量

共情者的能量强弱各不相同——弱、中、强、最强或极强。不论你处在哪个阶段，练习都是十分必要的。

筑牢你的根基

牢固的根基能让你感到放松，帮助你强化灵性联系，让你能够分清哪些能量是你的，哪些是其他人的。你的根基越牢固，你和内在神秘的联系就越紧密，抵御他人能量侵扰的能力也就越强。

可以强化根基的练习很多，下面是我非常喜欢的一个，我把它分享给你，你可以在此基础上再做些“个性化”处理。

1. 找一个安静、不被打扰的地方坐下。如果天气好，户外的草地是不错的选择。你可以闭上眼睛，也可以不闭，这由你决定。

2. 深吸一口气，想象自己正吸入生命力能量（力量或宇宙能量），积极的生命力能量。继续吸气，让生命力能量充满你的身体。注意要把吸气的速度放慢一些。

3. 深深地呼气，把所有气都吐出来。感受一切事物都随着你的呼吸慢了下来，你的血压降低了，心跳也放缓了。

4. 重复一次，深深吸气，然后吐气。

5. 第三次，也是最后一次深呼吸。深吸气，想象气息进入你的身体深处，来到你的双腿，到达你的双脚。你把它带到你身体的最深处，最后，这股气息从你的脚底发散出去，进入你脚下的大地。最后，慢慢吐气。

保护你的气场

每一天，你都应该注意保护自己的气场。尤其是当你身处人群之中，或是对某个人的能量感到不适，又或者觉得有人，比如某个自恋狂正消耗你能量。很多保护气场的方法都可以让人隔绝他人的气场，这种办法对一些人或许有用，但对共情者来说作用不大。我们的目标是获得成长，因此我们不应该自我隔离或四处躲藏，我们需要建立新的联系，向外伸展，而不是向内蜷缩。这一点非常重要，请你千万记得。下面是我常用的几个保护气场的方法：

• 把一块黑色碧玺带在身边，它能保护你不受负面能量的影响。你可以揣一小块在口袋里，也可以佩戴一件黑色碧玺饰品。

• 点燃的白色鼠尾草棒可以净化气场，或者你也可以用鼠尾草喷雾代替。印第安人发明的这种方法特别有效，如果你刚从人群中出来，不妨试一试。另外，金缕梅喷雾和清水也是不错的选择。

• 强化气场。找一个安静的地方坐下，想象你气场的模样——它可以是任何颜色，然后展开它，让它充满整个房间，继续伸展，

直到你想象的极限，然后慢慢收回气场，让它紧紧围绕着你的身体。重复练习几次，学会控制自己的气场，遇到令人不适的环境，你可以让气场裹紧自己，避免和不好的能量接触。

• 保持身体健康，多喝水，多锻炼，多到户外去。这些活动能稳定、净化你的能量。

让能量流动起来

畅通的能量——流动的能量能清除我们体内的淤堵，就像开到最大的水流能疏通水管一样——能拉近我们与大地能量、与自然的联系。它将帮助我们开启身体的七大能量中心，或脉轮*，平衡我们的生命力能量。

练习能量流动的方式很多，下面是我非常喜欢的方式：

1. 静坐，闭眼，想象一束美丽、明亮的光从上方照射下来，进入你的头顶。记住，这束光是你与自然的联系，是属于你的神力。

2. 这束光从头顶进入你的身体，充满你的头部、咽喉，接着是胸口、手臂、肚子，然后是臀部、大腿，最后来到你的双脚。这束

* 印度教认为人体有七个能量中心，这七个能量中心成盘旋状，因此称七脉轮。——译者注

光可能本来就有颜色，如果没有，你可以为它选一个你喜欢的颜色，比如彩虹色，或者纯白色。这束光美丽、明亮、强大，这是你的神力，这就是你。

3．想象这束光非常明亮，它从你的身体里溢出来，围绕着你形成了一个美丽的光圈。这束光越是明亮，围绕你的光圈就越大，这就是你强大的生命力能量。

4. 想象这束光从脚底离开你的身体，进入大地深处。它始终耀眼，保持着自己的颜色（或是你为它选择的颜色）。

5. 想象它在大地里生出无数的“枝丫”，这些“枝丫”越走越深，最后包裹住地球的中心——一切引力的来源，现在你是地球的一部分了。你是爱的体现，你应该绽放光芒。

6. 把思绪收回到此地、此刻，感觉自己回归身体。活动手指和脚趾，做几次深呼吸，然后睁开眼睛。

学会“无为”

作为共情者，为了不逃避冲突，我们必须学会用非对抗的方式解决问题。我的母亲教给我一个处理问题的方法，我认为它尤其适合共情者。《道德经》把这种方法叫作“无为”，可以大致理解为“没有行动的行动”。这看似矛盾的概念是在告诉人们，有时候，没有行动就是最明智的行动，或者“以柔克刚”。

母亲教导我“无为”的时候我还是个小女孩，那时每到课间休息，总有几个恶霸在操场等着我，把我围在中间。他们知道我有颜色鲜艳、小丑形状的糖霜饼干，他们想要的就是那个。我还记得当时的场景：那三个男孩都比我高大，我胖乎乎的，穿着灰色校服裙，厚厚的灰色羊毛袜一直拉到膝盖上（我那时以为袜子就应该是这么穿的），一头浓密的黑色头发打着卷，手里拿着食品袋，一副不知所措的样子——我在他们眼里就像一个行走的靶子。一个男孩从身后拍我的肩膀，让我回头，然后另一个从前面靠近我，趁我不注意一把夺走我手里的袋子。

每天，母亲都会让我带三块饼干，正好一袋，是她从商店买回来的。我很喜欢这些颜色鲜艳的饼干，但它们每天都会被那些男孩抢走。有一天，我把饼干被抢的事情告诉了母亲，我以为她会让我第二天去学校告状，我甚至想到了她会说：“你不能软弱，不能任由这些坏蛋欺负你！”但我错了，母亲说：“明天我会给你多带一袋饼干。等你到了学校，我希望你找到那几个欺负你的男孩，把饼干给他们，告诉他们‘我知道你们喜欢这些饼干，这些是给你们的，我愿意和你们分享’。”

我对这个办法半信半疑，但第二天还是把饼干带上了。我看到那几个恶霸在操场上，于是小心翼翼地走过去，手里拿着饼干，眼睛盯着地面，心想我脆弱的自尊马上要遭受新的打击了。那三个男孩靠着操场尽头的大树站着，我走得很慢，快到他们面前时，伸手把饼干递了过去。他们看到我，先是一脸狐疑，然后看到了我手里的饼干。

我在他们面前站定：“我猜你们喜欢这个饼干，所以今天我给你们多带了一袋。”我的母亲在那个袋子里放了六块饼干，这样他们每人可以吃到两块。

他们的表情变柔和了，领头的男孩笑了，伸手拿了饼干，然后和我击掌；另外两个男孩也笑了，瓜分了剩下的饼干，然后也和我击掌。我离开的时候感觉自己无比高大，简直像个凯旋的将军，因为我战胜了恶霸！那天以后，他们再也没有找过我的麻烦，不仅如此，他们看到我的时候还会和我微笑致意。我的母亲是对的！

这就是“无为”——以弱克强。正因为共情者不愿与人对抗，我们反而更有可能成为“无为”的大师。通过这个办法，我们既可以保持与内在力量和内在指引的联系，也能保护好我们敏感的天性。

冥想——与无边的意识之网相连

断开网络，找一个安静的地方，重复下面的语句，与世间万物相连。

“我看到一个光球充满我的心房。

光球慢慢变大，包裹住我的全身。

它继续变大，围绕我的身体形成了一个巨大的光环。

我的光环越来越大，触碰到其他人的光环。

我越是放大能量，越是能够与他人、与伟大的无边之网紧密相连。”

第四章

放声“自我”

诗文：“我爱并接纳自己的全部，包括‘自我’。”

“自我”（ego）一直是人们批判的对象，因为它被认为是开悟的大敌。我年轻时听过许多大师讲课，在濒死体验前也读过不少有关灵性的书籍，觉得这一点似乎是公认的真理。想要开悟，按照他们的说法，必须竭尽全力“压抑自我”或“克服自我”，因为“自我”是“真我”的克星。但实际上，“自我”不仅不是“真我”的克星，反而是帮助我们找到“真我”的关键，对共情者来说更是如此。

第一次看到这个说法，你可能会皱起眉头，但请耐心听我说下去。听到大师说“自我是我们的敌人”，我们应该首先思考这个问题：人们已经就“自我”的含义达成共识了吗？我们在讨论这个概念之前，难道不应该先弄清它的定义吗？

下面是一些常见词典对“自我”一词的解释：

《剑桥大辞典》：你对自己的看法，尤其是你认可自身价值和能力的看法。

《牛津英语词典》：指人的自尊和自负感。同义词：自尊、自负、自大、自我价值感、自重、自我印象、自信。

我对“自我”的理解也基本如此。我认同大师想要表达的“不要妄自尊大”“不要吹嘘自己”“谦卑是美德”，也支持那些提醒我们不要在物质世界中迷失自己的声音，我认为这些观点都是正确的。

但人们总把“自我”用作贬义词，结果导致我们压抑“自我”的时候碾碎的往往是我们的自尊心。

弗洛伊德（Freud）将“自我”一词带入人类文化中时，还一同带来了“超我”和“本我”。这些年来，精神分析学派已经把“自我”和“自恋”等同了起来，这很可能是受了导师的影响。但其实，谦卑、和善的人也可能拥有强大的自我，这些品质本身并不互斥。

让我解释一下：每个人都有“自我”，就其本身而言，“自我”并不是坏事。“自我”能帮助我们认知自己，而健康的“自我”更能保护我们，让我们变得强大。我还必须强调一点，那就是“拥有自我”不等于“以自我为中心”，“自我”是自信的来源，它让人在感到脆弱或被人欺负的时候有决心和勇气维护自己；“以自我为中心”则是让人只顾自己，自私自利，即便损害他人的权益也无所顾忌。以自我为中心的人经常表现出对他人感受、需求，甚至整个世界都漠不关心。但很多情况下，“自我”和“以自我为中心”还是被混为一谈。

“自我”与自觉意识

如果造成问题的不是“自我”，而是人们对世界、对他人需求，甚至是对自身的自觉意识的缺失呢？要探讨这个问题，我想借用自己在前一本书《假若人间便是天堂》里面所做的一个比喻。在这一章，我想把这个比喻专门用在共情者身上。想象你拿着一个遥控器，遥控器上有两个旋钮，就像老式收音机的音量键一样，但它们不是用来调节音量的，这两个旋钮上，一个写着“自觉意识”，另一个写着“自我”[9]。

那些把“自觉意识”调到最小，同时把“自我”开到最大的人，就是我们说的“以自我为中心的人”。他们只有自我，丝毫意识不到（或极少意识到）其他人。在极端情况下，这些人会成为自恋狂——觉得自己无比伟大，缺乏对他人的同情，无时无刻不渴望赞美。自然而然地，如果一个以自我为中心的人把“自觉意识”调得很低，他就完全觉察不到自己的内在神秘、更高自我，或任何高于他肉身的存在。

但我不认为以自我为中心的人应该压抑自我，他们应该做的是培养共情、增强“自觉意识”。一旦建立起与更高自我的连接，他们自然就不会再以自我为中心。

调高“自觉意识”，我们对自己、内在自我、整个宇宙的感知都会增强，我们将看清灵魂的目标，找到生活的意义。“自我意识”调得越高，我们就越能感知内在神秘的指引，它会不断提醒我们是谁、从哪里来、又为什么会来到这个世界。增强的意识还会让我们对周围的物质世界、其中的人和事更加敏感，包括他们的痛苦和我们的行为对他们造成的影响。

大部分共情者的“自我意识”自然处在“大音量”状态。这也是我们之所以是共情者的原因。我们与内在神秘和周围世界的联系是与生俱来的。如果我们压抑“自我”——把“自我”调得很低，那么我们的个性、自尊、自信也会同时受到抑制，我们会觉得自己不配拥有美好的东西，包括爱。不仅如此，我们还会不受控制地吸收所有人的感受和情绪。

过去，我也曾压抑“自我”，那时的我甚至会因为“和这些人在一起好累”的想法责备自己，我会质问自己：“你以为你是谁？”共情者尤其需要强大的“自我”去照顾自己，如果我们太过压抑“自我”，就分不清别人的和我们自己的感受、情绪。“自我”定义了我们的个性，它是我们与众不同的原因。正因为所有人都彼此相连，我们更需要一些和其他人不一样的特质才能在这个物质世界生存下去。

如果我们同时将“自觉意识”和“自我”调高，“自我”会变成非常有用的工具，它能帮助我们认同自我、接纳自我，把我们自己的情绪、感受、需求、欲望和存在本身同他人的区分开来，在我们和外部世界之间划一条清晰的界限。

如果你感觉自己在周围世界的痛苦和情绪中迷失了方向，那么这说明你把“自我”（你对自己的感知）调得太低了。这种情况仍会时不时地出现在我身上，但我也找到了一些能让“自我”快速恢复到合适位置的技巧。一种方法是站在镜子前，看着自己的眼睛，想象自己透过眼睛看到了心灵深处，然后告诉自己：“你很安全，你很强大，你有目标，这个目标的一部分就是做你自己，做一个独立的存在。”内心深处，共情者比所有人都更懂得每个人都是彼此相连的，因此，我们总是很难抓住自己的个性，这也是为什么共情者必须知道他们真的可以接纳“自我”的原因。

毕竟，只有共情者才拥有与自己内心最深处的联系，也只有内心最深处的那个声音才能回答我们究竟是谁，该怎样发挥最大潜能这个问题。

“自我”就像肌肉，如果锻炼充分，它会帮助我们建立屏障和边界，给我们健康的自我价值感。一个人的共情程度越高，他“自觉意识”的初始设定值就越高，如果他不同时调高“自我”的话，他将有可能丧失对自我的感知，或是在吸收他人情绪和能量时迷失自己。这就是为什么共情者在“自觉意识”全开的情况下必须调高“自我”的原因。

重视自我

就像之前提到的那样，不论是不由自主地吸收他人的情绪和痛苦，还是在不断为他人牺牲的过程中迷失自己，最终都会导致身体上的疼痛和疾病。著名专家加伯•马特（Gabor Maté）医生在其著作《身体在说“不”：探索压力与疾病的关系》（*When the Body Says No: Exploring the Stress-Disease Connection*）一书中写道：“如果不学会有效表达感受，我们的情绪将影响生理过程，进而伤害我们的身体。”[10]

强壮、健康的“自我”能避免我们陷入这种出于好意，但有害健康的状态。

对此我深有体会，而且其中一些尤其强烈。2001 年的一天，我最好的朋友索妮（Soni）被确诊了癌症晚期，后来她也被这种可怕的疾病夺去了的生命。她的确诊在我心里掀起了巨浪，那感觉就好像我也被确诊了一样。我和索妮从小一起长大，我的生活中充满了她的身影。索妮确诊的时候，她的孩子还很小，这个消息不仅让我难过，还让我觉得胃里不舒服、想吐。不仅如此，我还感觉特别愧疚，说得更明白些，我对索妮病了，而我还是健康的感到愧疚；对她的孩子将要经历痛苦感到愧疚；对我还能和我们的共同好友一同出行，而她却要在医院接受治疗感到愧疚。索妮和她的家人正经历痛苦，这时候，任何一件对我有利的事都让我觉得自己非常自私。换句话说，我不论做什么都觉得愧疚，所以我尽可能地陪伴她，不论是在医院还是她的家里，帮她做些事情，陪她的孩子玩耍。

当时的我并没有意识到这一点，不断感受朋友的病痛让我的感官一直处于超载状态，我变得越来越虚弱了。我忽视了自己内心的声音，“自我”几乎处在最低点，我的眼里看不到自己的任何需求。

在索妮确诊一年后的一天，我在自己的脖子左侧摸到了一个肿块。我找到医生，做了活检，发现自己患上了淋巴瘤。拿到确诊通知的时候，我感到非常害怕，但在恐惧的深处，有一个很小的声音在对我说：“啊，现在你终于有理由照顾自己了。”

索妮的情况越来越差，我的身体也每况愈下。即便我自己也在和疾病抗争，但比起我的需求，我还是更关心周围的人，尤其是索妮的感受。最后，我直到经历了濒死体验才真正理解到接纳“自我”是多么重要。

如果那时我拥有健康的“自我”，我的自身价值感会平衡许多，我会明白想要帮助别人，必须先保证自己的健康，而且是身心健康。换言之，我的罪恶感不会对任何人的病情有帮助，我能做的最无私的事就是让自己强大起来，也只有这样才能更好地支持别人。如果当时我知道这些，我就会明白我的幸福也会鼓舞身边的人。我会更注意照顾自己——好好休息，给自己多留些时间，亲近自然，通过按摩放松身心，或是和朋友小聚，我会相信我的朋友也希望我这样做。我因为朋友生病而产生了罪恶感，这份罪恶感让我不停地牺牲自己，但实际上，我的做法很可能会让朋友感到愧疚，反而增加了她的负担。

许多读者和观众和我分享了他们的经历：当他们不再把“自我”看作敌人，他们的生活都发生了积极的转变。在一次研讨会上，艾米（Amy）说，她从小到大一直相信优先考虑自己的需求是自私的行为，尤其是在还有其他人需要帮助的时候。因为她有这样的想法，也因为她总在帮助别人，所以艾米的身边逐渐聚集了很多迫切需要帮助的人。“我也说不清，”她说，“我就是不能让任何人失望。他们好像也都知道我特别心软，所以全都跑来找我。”艾米从不表达她的愧疚，也不说想要休息。“我就是做不到，”她说，“一想说点什么，我就感觉喉咙被卡住了。人们会觉得我只顾自己，觉得我想博取关注，所以我一想表达，就使劲把那股冲动压下去。”

后来，艾米偶然看到了我的视频，我在视频里讲解了“自我”的含义和接纳“自我”的重要性。她感觉一下想通了，决定试着接纳“自我”，而不是批判它。她意识到了自己对他人需求的敏感（因为她“自觉意识”很高，内在神秘发达）和对自身需求的漠视（因为她太过压抑“自我”）。这让她看到了自己在用消耗自我的方式去满足他人，也找到了自己总是疲惫不堪、容易生病的原因。于是她开始有意识地倾听自己的需求，留一些时间给自己“充电”。

就像智能手机一样，你感到筋疲力尽是因为你已经把现有的能量耗尽，是时候该充电了。共情者耗尽能量往往是因为想要照顾所有人的情绪，你必须注意自己的这种倾向，而且要弄清造成你能量流失的原因——很可能是无法拒绝和害怕冲突。只要能注意到这一点，你就能有意识地让自己多充充电。如果你也是共情者，而且总感到疲惫，我建议你列一张单子，写下所有能让你“重新电量满格”的事。觉得累的时候就看看这张单子，选一两件事让自己“充电”。

为了进一步说明“充电”的重要性，我想让你试着做一个想象：想象所有人都以光的形式存在，刚出生的时候，我们的光芒十分明亮。而要想光芒保持长明——让能量持续运转，就必须时不时地“充电”，就像给手机充电一样。

那我们又该怎样给自己充电呢？第一步其实非常简单：做任何能滋养你的灵魂，对你有意义的事。你可以在海边漫步、冥想、回归自然、听音乐、写作、画画，或是花些时间和朋友、家人相处，甚至是买双新鞋，和孩子们吃顿比萨都可能有很大帮助。重要的不是你做什么，而是这件事能起到什么作用。任何能滋养你的灵魂、点亮你的光芒的事都是灵性活动。

艾米选择花些时间做喜欢的事情给自己“充电”，比如读本好书、泡个热水澡、散步、看一场一直想看的电影。当内疚在心里出现的时候，她就告诉自己：“我要给自己充电，这样我才能变得更好，才能更好地帮助别人。”艾米说接纳“自我”让她感觉充满了能量，她精神焕发，不再感到疲惫，也不那么容易生病了。她学会了把能量集中在她希望、需要的地方。

健康的自我 = 健康的自尊

健康的“自我”虽然不能让你彻底远离感官超载，但它能给你支持，让你尊重自己的需求，不至于要依赖某种借口，比如患病，才能允许自己好好照顾自己。它会给你勇气和远见，让你脱离有害身心健康的环境。退一步说，不发达的“自我”只会让你一面感受所有人的痛苦，一面觉得减轻自己的痛苦是自私的行为。你会被困在这种感受中无法自拔，直到某件特殊的事情发生——比如疾病、创伤或足以改变人生的其他事情，才能拯救你的情绪。

想想看，如果你总是强烈地强受着他人的情绪——就和对自己情绪的感受一样强烈（“自我意识”调得很高），但自我认同感和自尊又相对较低，甚至有自卑情结（“自我”调得很低，甚至为零）的话，那么你距离讨好别人或“门垫”就不远了。所有人的感受都比你自己的重要，因为你根本不看重自己。你更有可能被欺负、被利用，觉得自己不如别人，即使想要拒绝，也说不出口。你会迷失自己，丧失力量，只是一味地讨他人开心。

我把处于这种状态的共情者称为“被压迫的共情者”，我了解他们，因为我也曾是其中的一员。更糟的是，我身边没人鼓励我建立强大的“自我”，一些心理互助课程的老师说“自我”是开悟的大敌，必须把它压到最低。

事实上，为了真正达到身心健康的状态，我们要把“自觉意识”和“自我”同时调高。我还有其他成百上千个曾经把“自我”调得过低的人，都有下面的部分或全部特征。

不会爱自己

如果“自我”被调得太低，我们就会丧失爱自己的能力（我会在下一章深入分析自爱的问题）。我们需要“自我”去认可自己的个性和需求，因此，我们必须调高“自我”去照顾自己，满足自己的需求，进而成为更好的自己。

不真实

如果你觉得自己不够好，你就不会允许自己“随心而动”，因为你不相信自己。你总在行动前犹豫不决、思虑过度，你失去了自发性和生活情趣，也失去了自己。

琼（Joan）在一次活动上分享了她的故事，她说自己总在寻求别人的认可，而且根本没有意识到自己在这一方面已经“病入膏肓”。最后，为了不让其他人失望，她不惜把自己变成别人希望的任何模样。她成了“变色龙”，只要觉察到对方有一丝不满，她就立刻改变自己的立场。在工作上，即便她心里知道自己的演讲 / 报告做得很好，但如果没人这样说，她就不会相信，而但凡有谁的评价里带着一点迟疑，她就会立刻陷入自我怀疑。在对他人认可的持续追求中，她已经弄丢了自己。她的生活是不真实的，那个生活不属于她，而是一个虚幻的、建立在她以为的别人对她的期望之上的生活。

听了我的讲座，她终于明白如果不找回自己的生活，就不可能找到人生目标。也是那一刻，她决定接纳“自我”，去更多地了解自己，展现真实的一面，努力赢得自己，而不是其他任何人的认可。

一开始你可能会不习惯，但想象一下自由的感觉该有多好！允许自己去感受那份自由，直到你习惯它。坚持练习，再配合这本书里的其他方法，你会逐渐学会做真实的自己，表达真实的想法。

失去力量

被压迫（抑制、克制、抹杀）的“自我”会导致低自尊和低自我价值感，这类人往往有以下特征：

- 不愿照顾自己。
- 对其他人比对自己更好。
- 凡事不愿出面，也不愿发声。
- 更重视其他人，而不是自己的意见。
- 因为害怕失败而不愿接受挑战。
- 害怕批评。
- 自我挑剔。
- 认为自己不配得到夸奖、礼物，或任何好的东西。

极端情况下，弱小的“自我”还会导致抑郁、成瘾和进食障碍[11, 12]。如果你是正在压抑“自我”的共情者，那么你不仅会吸收其他人的麻烦、问题、恐惧情绪，你还会因为其他人而忽视自己的需求。举个例子，假如你是一个压抑“自我”的人，得知朋友被逐出家门，你一定会想办法帮助她，这很正常，这也是朋友应该做的。但假设你还有自己的问题需要解决——可能是金钱上的、健康上的或是人际关系上的，而且你的问题远比朋友所面临的要严重得多，但因为你的“自我”被压抑着，所以你会把自己的需求丢在一边，认为朋友被赶出家门这件事更重要、更紧迫。即使眼看着自己的处境越来越糟，你还是会把精力放在朋友身上。

让我们稍稍改动一下这个例子，假如你不止压抑“自我”，还是一位共情者，这时，朋友打来电话说她被赶出家门了，在你帮助她的时候，你会感受到她所有的情绪，就好像那些情绪是你自己的一样。这时，除了你自己的压力，你的身体还要承受朋友的压力和恐惧，而且你很可能分不清哪些情绪是她的，哪些是你自己的。这就是为什么共情者必须抓住自己力量的原因，只有这样，你才能意识到损害自己去帮助他人会对自己产生多么严重的影响。

“门垫”时期的我感受不到自己的力量，我觉得所有人懂得都比我多，都比我重要，比我更有资格做决定，即便需要决定的是我自己的事情！我总依赖权威和大师，丝毫没有察觉我自己就拥有力量。不仅如此，作为共情者，我总在背负周围人的情绪和压力，不断被卷入他们的麻烦和问题之中。直到死亡告诉我，对于我的生活，没人比我更有发言权。

我想再次强调，要想通这一点，你不必经历死亡。我有一些简单的方法分享给你。第一，如果你现在的状态就是把其他人看得比自己重要的话，请记住，你这样做的同时也把自己生活的控制权让给了别人。有了这个意识，你就会更加谨慎，不让那些喜欢“趁火打劫”的人进入你的生活。第二，你要分清“咄咄逼人”和“自信果敢”的区别。伊迪丝·伊娃·伊格尔医生（Dr. Edith Eva Eger）是奥斯维辛集中营的幸存者，也是一名心理学家，她在《选择：拥抱可能》（*The Choice: Embrace the Possible*）一书中鞭辟入里地把这种区别总结为：‘消极被动’是等着别人替你做决定；‘咄咄逼人’是你抢着替别人做决定；‘自信果敢’是你自己为自己做决定。”[13]

许多人分不清“自信果敢”和“咄咄逼人”的区别，根据我的经验，“门垫”尤其如此，他们倾向把所有的“自信果敢”都归为“咄咄逼人”。但你要知道，你并不是在指挥别人，你只是在为自己做决定。弄清了这一点，你的想法和生活都会有很大转变。

最后，你需要用一些温柔的话语巩固自己的力量，比如“谢谢你的关心，但我还是想这样处理”或者“谢谢你，但我觉得这样做更适合自己”。你可以用你喜欢的方式去表达这层意思。

难以接受好意

研讨会上，我总会询问观众，请他们当中觉得自己是共情者的举手示意。接着，我会继续询问举手的观众中有多少觉得自己善于为他人付出，但难以接受别人的好意。这时，举起的手一只都不会少，没有一次例外。前面已经提到，难以接受好意是共情者的一大共同特征，而且在“门垫”身上体现得尤其明显。

我曾经不知疲倦地奉献自己，直到筋疲力尽才肯罢休，但我却很难接受别人的好意。每次收到礼物，我都会因为“必须赶紧把人情还了”的想法感到压抑，我觉得自己不配接受别人的礼物和好意。想象一下那种感觉，如果每一份礼物对你来说都是负担，你会感觉非常难受，你应该学会接受，因为不论是把一味付出当作“积德”的手段，还是认为付出比接受“更好”，这些都是不对的，甚至是狡猾的。你要知道别人付出好意的同时也会获得满足感，这一点非常重要。

接受好意对应的是调高“自我”，为人付出对应的是调高“自觉意识”。如果你同时将两个旋钮都调至最大的话，你就可以坦然地付出、接受，不感到疲惫或愧疚。

经济紧张

将“自我”调得很低的共情者很难提高收入、获得成功，造成这一局面的原因很多，其中之一就是共情者不认可自身价值，认为自己不配得到更好的待遇。我在创业初期也曾遇到这个问题，我发现自己不止在为客户服务，还在为员工服务！即便是对态度散漫、进度落后的员工，我也严厉不起来，我总是体谅他们，结果却被卷入他们的麻烦之中，还把他们的负面能量和问题当成我自己的——即便如此，我依然要为客户服务。

我总是开不了口为自己争取应得的报酬，因为我觉得强调个人能力和优势是自大的表现，因为存在这个想法，我总是选择“贱卖”自己。我的个人履历写得极其谦虚，我对取得的成绩、考取的证书一笔带过，原因同上——我觉得谈论自己的成功（即便事实如此）是自大的表现。这让我即使出色地完成了工作，报酬仍少得可怜。

我还经常为无力支付的人免费提供服务，我无法拒绝他们，甚至无法提出交换条件。没有报酬的额外工作让团队的成员感到不满，所以我选择了独自承担。

我在研讨会上分享了自己的经历，并请有共鸣的观众举手示意——几乎所有认为自己是“门垫”的观众都举起了手。于是我请他们分享自己的经历。一位男士说，他的父亲从小教育他不要吹嘘自己，不要炫耀自己取得过什么成绩，换句话说，闷头苦干就行了。因此，他写在简历上的成绩非常简单，但实际工作中，他发现甚至自己的能力往往比上司更强，可上司的薪水却比他高得多。他很愤懑，最后还病倒了，但这也逼着他迈出了展示自己的第一步。一开始，他的内心充满了斗争，他害怕人们会跳起来，指责他傲慢、自大，但这些都没有发生。原来，同事们之前根本不知道他有这些成绩，而自那以后，他们都开始对他另眼相看了。

无法拒绝

处于“门垫”阶段的共情者不管是说“好”还是“不好”都是因为不想让别人失望，曾经的我就是这样。但这其实是不诚实的表现。试想一下，如果你得知所有曾经帮助过你、对你说“好”的人之所以那样做，不过是因为不会拒绝，你会是什么感受？你会不会宁愿他们拒绝你，也不愿他们强迫自己做根本不想做的事？我知道我肯定会这样（在第九章会进一步讨论这个难题）。

认为自己不配取得成功

“自我”处于低点的共情者很难取得成功，也很难接受成功。我也曾觉得自己不配取得成功，于是当我比周围的人，尤其我的好朋友更成功时候，我总感到非常愧疚。我不愿与人谈论这个话题，如果实在要说，我就用一两句话带过。“门垫”不相信自己的成功也能帮助其他人，因此他们总是过分谦虚，把自己的天赋和才能隐藏起来，生怕有人说自己贪婪、自大。

曾有一位共情者对我说：“我挣的钱已经超过了我需要的，我觉得很愧疚，我尽可能地低调生活，不买任何昂贵的东西，因为我不想引人注意，不想让别人觉得我自大、显摆！”在我接触过的共情者中，至少 80% 都生活低调，不提要求，极力避免被人贴上“自大”的标签。在他们看来，自大是一种耻辱。

回避领导岗位

和大多数共情者一样，我也曾为领导他人感到头疼。身为共情者，我们不想引人注意，甚至觉得自己不配得到关注，因为渴望关注也是自大的体现。可惜的是，这些逃避“自我”、不愿站上领导位置的往往是最睿智、共情程度最高、敏感、强大、总有许多好想法——有时也是与众不同的想法——的人。他们不追求关注和认可，大都和自己的内在神秘有着紧密联系。就像我说过的他们的意见对人类社会非常宝贵。

不幸的是，我们总能看到处在领导位置上的人把“自我”调得极高，但把“自觉意识”调得极低。他们只知冒进，没有一丝同情和自省，他们只相信自己，完全不顾其他任何人。他们一门心思追求自己的目标，不反思自己，也不知道应该反思自己；与此同时，他们身边的“门垫”、讨好别人的人、共情者都成了他们的牺牲品。

培养健康的“自我”

我从濒死体验中领悟到了“自我”存在的意义。是它让我接纳了自己的个性和特点，让我学会了爱自己，相信自己的内在神秘，不为反对者说的“你不过是在装神弄鬼，故弄玄虚”轻易动摇内心。它还让我不再习惯性地自我怀疑，并因此浪费自己的力量。这两点感悟对我的人生起到了至关重要的影响。

在帮助其他人培养健康自我的时候，我会先问这样一个问题：“如果完全不考虑其他人的想法，你想变成谁？想做什么事情？”过低的“自我”让我们总是过分在意别人的想法，忽视了自己的需求和幸福。但如果我们能想清楚在不考虑他人想法的情况下自己会怎样选择的话，我们会能有所行动，朝着自由的方向迈进一步；对那些不顾他人反对、始终忠于内心的人，我们也会多一分理解，少一分批判。

下面是一些比较有代表性的答案，如果不考虑其他人的想法，许多人会做出以下举动：

• 辞掉待遇优厚、稳定，但自己不喜欢的工作，去追求自己喜欢，但可能不稳定的生活。

• 允许自己为逝去的爱情痛苦，也允许自己在痛苦过后拥抱新的爱情。

• 公开你的秘密，让世界看到真实的自己。

• 不再碍于面子维持并不幸福的婚姻。

• 不再为了面子住在过大、过于昂贵的房子里。

• 追求风度，但也保证温度（这两者并不冲突）。比如，如果你一直想把细高跟换成运动鞋，现在就去做吧！

听从你的内心，而不是别人的意见，这会让你的“自我”强大起来。

现在你应该明白拥有一个健康的“自我”是多么重要了，它能帮助你把同情心和愧疚感区分开来。你的强大不仅能提升自己，还会鼓舞别人，一个强壮、自信的人远比“门垫”更能积极地影响他人。

冥想——调高“自我”

在我需要强化“自我”的时候，我会默念下面这段话。这个练习能让我感到渺小的自己变得高大、舒展，有勇气表达真实的想法。我想请你也试试看。

“我把注意力集中在心脏位置，想象自己把‘自我’和‘自觉意识’同时调高。

我感受到体内的能量正在增长，

我感到精力充沛，活力四射，生活充满可能，内心充满快乐。

这个能量就是我的生命力能量，我可以随时使用它，这是我与生俱来的权力。

我可以随心所欲地调整能量的大小。

我拥有能量，我知道自己可以勇敢地表达，不需要担心什么。

我知道自己有无限可能，我可以追求卓越，绽放光芒。

我爱自己，爱自己的全部，包括我的‘自我’。”

第五章

接纳灵性即接纳自己

诗文:“共情是我的天赋,是我与世间万物的联系。”

共情者在两个世界徘徊:一个是充斥着骇人信息的外部世界;另一个是连接着我们与内心、灵魂的内部世界。因为敏感的天性和与内部世界的天然联系,所以共情者很注重心灵的培育,就像飞虫看到火焰一样。许多共情者会加入心理互助小组,因为他们能在那里找到归属感——在日常生活中,他们总感到格格不入、与众不同,但这份归属感的代价往往是丧失甚至违背内在神秘的指引。

如果你是压抑“自我”的共情者,而且还有讨好他人的倾向的话,那么很多传统的心里互助课程只会让你在“门垫”的泥潭里越陷越深。那些课程不但不会鼓励你跟随内心的指引,由内而外地强化自己,反而会刺激你的弱点,加深你的恐惧。一个健康的“自我”能让我们在探索灵性世界的同时兼顾自己的需求。在这一章中，你将看到自爱、信任、信念的力量怎样帮助我们在不迷失自我的前提下提升灵性。

在我二十几岁，刚刚逃离了一桩包办婚姻的时候（在第十章会详细讲述这个故事），我父母的朋友邀请他们去见一位大师，那位大师名气很大，刚刚从印度来到香港。父母让我也一起去，因为他们想当面问问大师到底该拿我怎么办——为什么我结婚那么难？为什么我不肯“随大流”？我究竟是什么样的“命”？我也希望大师能解答这些问题，因为我知道父母因为我而已经寝食难安。我想知道自己的未来是什么样的，我想听听这位大师会怎么说。其实从小到大，我听过、信过的大师已经不计其数了。

接待大师的人家住在一幢豪华的大宅子里，到场之后，我发现几乎所有人都穿着传统印度服饰，包着头，以示对大师的尊敬。我感到难以理解，因为我还穿着平时的牛仔裤、夏天的印花衬衣，还有一双当时流行的平底鞋。不过按照习俗，我还是把鞋脱在了门口。

巨大的客厅正中摆着一把鼓鼓囊囊的扶手椅，大师盘腿坐在上面，周围的长毛绒地毯上至少围坐着七十个人。神坛上摆着一小盘水果作为贡品，点燃的焚香散发着玫瑰的香气。人们一个接一个地走到大师面前，坐在地上，低着头，静静地等他开口。大师不紧不慢，若有所思，然后把手放在面前人的头顶上，说出几句简单的祝福或建议。

无法到达更高的境界

轮到我的时候，父母轻轻推了我一把，他们示意我坐在大师面前，然后他们分别坐在了我的两边。

“我们的女儿已经二十六岁了，但是她还没结婚，”父亲用信德语*对大师说道，“我们想知道她什么时候才能结婚，还有为什么她结婚这么晚？”

我感觉自己脸红了，我害怕大师因为我还没结婚而看不起我。

父亲还把我逃婚的事告诉了大师，他极力想用最轻柔的方式讲述那件事，我能感受到当时他有多么尴尬。大师听完父亲的话，挑了挑眉毛，瞪大眼睛看了我很长时间。我紧张极了，心怦怦地跳：他是不是看到了什么可怕的事？是不是我这辈子都结不了婚了？我是不是注定要当个老姑娘？

时间好像静止了一般，不知过了多久，大师才终于开口。他说父母把我惯坏了，让我不懂得尊重自己的文化（看来西式穿着一点也没给我加分，不过确实没人事先提醒过我）。大师还说，想要嫁人，

---

* 一种通行于巴基斯坦信德省和印度西部的语言。——译者注

我必须先改正自己的行为，他说我应该更温顺、谦卑、传统。大师强调说，没有男人会喜欢像我这么独立的女人（他们的父母也不会喜欢像我这样厚脸皮的儿媳妇）。他还暗示只有结了婚，我作为一个人才有更大的价值。

最让我难过的是我还听到这一句："你有缺陷，要是你不改正，你不只会嫁不出去，你的余生都不会圆满，不可能达到更高的境界。你不积善业，就不会得善果。"

我被大师的话吓坏了，那些词句像尖刀一样深深扎进了我的心里，很多年后依旧挥之不去。我成长在多元文化的环境里，我的朋友来自世界各地。我们穿一样的衣服，有一样的理想和价值观。如果我有缺陷，那我的朋友也都有缺陷吗？如果真是这样，又是哪里出了问题？我和朋友们都是"文化混血儿"，而现在，我在香港与来自印度的大师对话。当时我并不觉得自己的成长环境有什么不同，也不知道自己处在时间和空间的特殊一点，这位大师可能根本不了解也不理解我的处境，但很显然，我在他眼里是一个异类。

"我只不过是做自己，怎么就会积累了罪孽了呢？"我小心翼翼地提问，害怕这个问题会让大师更加讨厌我。我想说的是，他都还没看到我辛迪•劳帕的一面呢！

"为什么要先清除罪孽，再到达更高境界？"他回答："就像你不会允许一个你不喜欢或满身是泥的人走进你家一样。你必须净化自己、排除一切世俗杂念，否则你就没有资格到达彼岸。”

净化自己？可我又有哪里脏了呢？虽然我相信因果报应，但我还是想不通几个问题：我究竟有什么缺陷，又有哪里是不干净的？因为我拒绝包办婚姻，所以我就有缺陷了吗？大师是不是说我环游世界的梦想是不对的？或者他指的是我内心的声音？还是我与宇宙、与比我自己，甚至比这位大师还大的某种存在相连的那部分自己出了问题？我是不是不该听从内心的声音，而是应该服从像他一样的人（那些自称可以与神直接对话的大师）？

我有太多想不通的问题，但我知道一点：那次与大师的对话是我消沉的起点。自那以后，我做的每一件事都是为了证明自己的价值、争取到达那个更高的境界。

写到这里，我想起了童年玩伴爱莎（Aisha），她在快四十岁时还是单身，这让她的父母伤透了脑筋。她的父母带她去看了许多“大师”，希望他们能回答为什么女儿到现在还没结婚。所有大师的回答都一样——爱莎前世积累了太多罪孽。但他们给出的解决办法各不相同，比如每天天亮前焚香，同时在心里祈祷嫁一个好丈夫；每个月禁食十天；满月时不能洗澡；在满月的时候穿白色衣服；每天诵经数小时；到寺庙向大师祈福；每天清晨到寺庙用牛奶给佛像沐浴；——用牛奶为大师洗脚，然后喝下洗过脚的牛奶，因为（据说）那牛奶吸收了大师的神力！当我听到这里的时候——那时我正在和爱莎喝着咖啡聊天，我恶心得差点儿把卡布奇诺吐出来。这个行为可能又给我“不合格印度人”的罪状添了一笔。

后来爱莎结婚了，但她的丈夫总是对她恶语相向，她同意嫁给他，也不过是因为她很着急，不想再让父母失望了。生下三个孩子以后，他们的婚姻走到了尽头，她说自己不后悔结婚，因为她有了三个可爱的孩子，但那段婚姻本身绝不是她想要的。

通往天堂的歧途

我相信大师的出发点是好的，他希望我得福报，而且从他的文化视角出发，他相信那些建议能把我引上正途。但事实却是从那时起，我不再相信自己，并且开始压抑我内心的声音。（为什么它要让我做离经叛道、和全世界唱反调的事？是不是遵从内心就会走上歪门邪道？）我开始相信内心的声音会让我偏离通往天堂的路，甚至会把我引向地狱。我努力“提升灵性”“净化”自己，我拼命冥想、祈祷、诵经，阅读相关书籍。这些事在本质上都没有错，只是我太努力，反而过犹不及了。

下面这些教诲反复出现在我的学习过程中：

• 我们必须对人类有所贡献。

• 我们必须原谅伤害过我们的人。

• 付出比接受要好。

• 我们必须爱我们的敌人。

• 我们必须压抑“自我”。

• 那些伤害过我们的人也是我们的老师。

• 我们必须在逆境中学习、成长。

但这些教诲又有许多地方相互矛盾。比如，有宣扬摒弃物质世界，认为金钱是不好的，也有崇尚财富，鼓励我们展示跑车、游艇、私人飞机。

作为共情者，与内心世界的联系能给我们的心灵以慰藉。我认识的大多数共情者，包括我自己，都喜欢冥想、祈祷，也对净化能量和其他治愈法很感兴趣。我一头扎进了这些活动和课程中，来者不拒，不知疲倦。那时我相信，只要参加的活动多了，我的灵性就会提高，要是不参加，我就会没有价值、没有灵性。我把导师的话奉为“圣旨”，我不停地奉献自己，但从不接受别人的好意，因为我觉得这会有损我的灵性。我还到贫民收容所、孤儿院、施食处、救济站去做义工，这些都不是坏事，但为了多积善业，我强迫自己在极度疲劳的时候也要坚持。

有人伤害我、欺负我，不论多难过我都会忍气吞声，要求自己无条件地原谅、爱那些伤害我的人。即使他们继续伤害我，我也不允许自己有一丝怨恨、愤怒或其他“有损灵性”的情绪。我满脑子都是无条件地原谅他们，爱他们，丝毫没有察觉我应该首先学会爱自己。

在分析自爱的治愈能力之前，我想先说说误解教诲有哪些负面影响。以我自己为例，我任由那些伤害过我的人继续践踏我，同时要求自己无条件地爱他们；我努力在痛苦中学习、成长，相信那些伤害我的人是我的“老师”，即使他们不停地伤害我，我也还是允许他们留在我的生活里。

许多读者给我来信，说他们也有类似的经历，因此对我的故事很有共鸣。他们都想得到建议，想解决他们的问题。大量的读者、观众、听众在邮件和来信中说他们从不与人对抗，因为他们和我一样，相信生气，哪怕仅仅是维护自己，都会损耗灵性。他们会因此责备自己，认为这是“自我”在作怪。

他们努力讨好别人，不顾自己的伤痛，忽略自己的感受。等疼痛累积到无法承受的地步时，他们就苦思冥想：“我是哪里没有学好？”或者“我能从这份痛苦中学到什么？”许多人说他们心里有深深的恐惧，生怕做错了什么会导致严重的后果，也就是我们说的因果报应。

这是共情者的典型表现。为了不与人对抗，做好每一件事（尽可能减少对他人的影响），我们往往会忽略十分重要的一点，那就是我们与内在神秘的联系。曾经的我就是这样，我失去了和内在神秘的联系，我用无数一知半解的教条把它深深地埋了起来。

作为共情者，我们总是迷信“权威”多于相信自己，即便那些“权威”不过是自诩的大师，他们宣扬的“真理”也不太对劲。我们身体的每一个细胞都在大喊“不要！别听！那根本不适合你！”但只会讨好他人的我们还是会选择相信“权威”的话。我们不想让人觉得难缠，因此我们压抑、怀疑自己内心的声音，曾经的我就是这样。最后，那些误导性的或没有被正确理解的教诲会不断侵蚀我们对内在指引的信任，让我们一步步走向“门垫”的深渊。

灵性即真实

真正的导师会看到你的闪光点，引导你去发现它。他们会手把手地教会你相信内在指引，帮助你唤醒内在神秘，让你从恐惧和教条的束缚中解脱出来。好的老师让你相信自己，而不是迷信他们，他们还会告诉你怎样和内在神性建立联系。

我直到经历死亡才明白自己做过的所有努力都缺少了重要一环，那就是建立与内在神性的联系。死亡让我懂得了认可自己的神性是为他人创造价值的第一步。那时我才恍然大悟，原来我在外部世界苦苦追寻的神性竟一直存在于我的身体里。这种神性是所有人与生俱来的生命力的一部分，这是我们来到这个世界之时就拥有的天赋。

人人都有灵性。这显而易见，我们应该做的不是去寻找灵性，而是发掘自己与生俱来的灵性和与内在神性或内在神秘的联系。如果我们能静下心来，排除杂念，把所有的注意力都集中在呼吸上，哪怕只是十分钟、十五分钟，我们都会重新回归内心。也只有在这样的状态下，我们才能听到内在神秘或内在神性的指引。

当我意识到自己是大自然的礼物，我的体内充满能量（生命气息或生命力）——就像所有人一样——的时候，我的生活也开始慢慢回归正轨。我再次听到了内心的指引，并开始培养真实的、本就拥有灵性的自己。我积极生活，拒绝被共情变得渺小，我相信自己的直觉，不再怀疑我内心的声音。我不再把自己的力量让给那些自称权威的人，我会仔细思考、认真分辨，判断他们的话是否对我有用，对于那些没有道理，或让我感到害怕、无助的教诲，我统统拒绝。我告诉自己，我们在人格上是平等的，他们并没有资格践踏我的直觉。

这是学会自爱的第一步，现在我还在坚持。这些改变让我遇到了对的老师、对的书籍、对的教诲。每天都有很多人告诉我，想法和做法的改变打开了他们紧锁的心门，让他们得到了真正需要的东西。

有一种情况非常常见：在面对难题或疾病的时候，人们总是想尽办法从各种渠道寻求答案，包括上网搜索。但最后，人们找到的往往是更多的迷茫，因为他们听到了太多不同的声音。这时，我总会告诉他们：停下来，静一静，听听你内心的声音，想象你与世界的联系，感受你得到的爱。

人们告诉我，这个小小的练习让他们感到平静，还有很多人说练习之后，他们的疑问竟自动有了答案，虽然这个答案可能来自外部——一本书、一条广播、同事的一句话，而且大都出现在他们最不经意的时候。一位女士的经历让我印象深刻，她说自己曾饱受病痛折磨，于是把全部的生活都用来寻找治疗办法。后来，她听了我的建议，决定停一停，让自己恢复平静。她告诉我，在静心的过程中，她学会了爱自己，那种感觉是她从未体会过的。她还坚持做了想象和呼吸的练习，第四天的时候，朋友给她带来一本书，对她说："我知道你一直在找这个病的资料，我偶然看到了这本书，觉得你可能需要，于是就给你带来了。"结果那本书里果然有她一直想找的治疗方法，她曾经那样苦苦寻找，却从来没有遇到那本书。几个星期后，她的症状减轻了，又过了几个月，她已经感觉不到任何异常。

无条件的爱≠"门垫"

世界各地的人都曾对我说过，无条件的爱太难了，尤其对那些针对自己、欺负自己、不尊重自己的人。他们会生气、会怨恨，但同时又在内心挣扎着想原谅那些人，因为我们一直被教导"要爱那些伤害过我们的人"，我们相信这是一种美德，即使那些人已经离开了我们的生活。

事实上，在无条件地爱别人之前，我们应该先学会爱自己、珍视自己。无论多少训练，都不能将缺乏自爱的人从“门垫”状态里解救出来，这也是为何我认为自爱是大部分训练所缺少的重要一环。当我们学会爱自己、珍视自己，我们就不会强求自己去原谅那些伤害过我们的人。但这需要我们颠覆对一些耳熟能详的教条的认知。

比如，有人伤害你、想方设法折磨你，你首先要做的不应该是违背真实的感受而去无条件地爱他们。你不应该强迫自己无条件地爱所有人，也不应该责备自己做不到这样的爱，更不应该因此认为自己缺乏灵性。想要无条件地爱别人，你必须先承认自己受伤了，然后好好照顾自己，就像父母照顾受伤的小孩，因为你必须先保证自己的情绪健康。这对“门垫”来说可能很难，因为我们已经掉进了“讨好”的陷阱——讨好那些伤害我们的人，希望以此改变他们对我们的看法，让他们喜欢我们，同时还要求自己无条件地爱他们。

无条件地爱别人不等于允许别人随意践踏我们。你可以在爱他人的同时守好自己的底线。一开始，“选择对自己最好的”可能会让你感到害怕（尤其当这个选择与他人意愿不符的时候），但请相信，这种不适感会慢慢消失，你只需要找到一个合适的方法。不久前，我和一家公司的合作出了些状况，我感觉自己在被压榨和被利用，心里非常沮丧。那家公司和我签过一份一年的合同，在那期间，他们拥有我部分作品的使用权。但那份合同已经到期，他们却还在使用我作品的内容，而且在广告里宣传我是他们的内容提供者之一。

我找到他们，想沟通这个问题，但他们每次都说马上会和我签一份新的合同，而且合同已经在起草当中了。我知道他们不过是想拖延，一方面不想和我终止合作；另一方面又不愿和我续签合同，支付相应的报酬。而且，在领教过他们处理问题的方式以后，我也不想再和他们续约了。当时我还有几个项目正在进行，我很忙碌，不和他们合作也没有关系。当时的情况让我感觉自己仿佛回到了被欺负的学生时代——那一家公司非常有名，我不想破坏和他们的关系，但我也不喜欢被压榨的感觉。

我向朋友求助，他们都建议我勇敢地维权，但冲突和对抗还是让我无法适应。后来，一位朋友的话提醒了我，她建议我选一个人——比如我的员工——作为业务经理代替我去和那家公司沟通，告诉他们合约已经到期，我会把作品转签给其他公司。但业务经理会向那家公司说明，我们是先与他们沟通，然后才会找其他合作伙伴，因为曾经合作过的关系，我们愿意把优先购买权让给他们（这就是“无为”一课中的饼干，让他们卸下防备，知道我们无意争吵，有合作的诚心）。朋友的建议正合我意，于是我立刻采取行动，从我的团队里挑选了一个合适的人选。我的业务经理非常强硬，还给那家公司定了一个最后期限，告诉他们如果那时还没有任何消息的话，我们就会选择其他合作伙伴。

后来发生的事非常有趣。我很满意这个无冲突、无争吵的解决办法，我感觉浑身充满了力量，还收到了其他许多公司的邀约。最后，我选择了与另外一家公司合作，但我也感到曾经压榨我的那家公司对我尊重了许多——他们还会时不时地找我，问我是否愿意和他们合作其他项目，说他们的大门时刻为我打开，虽然最后我没有再选择他们。

我在研讨会上和大家分享了这个故事，之后，许多观众也分享了他们用非对抗，但坚定有力、不忍气吞声的方式解决冲突的成功经历。吉娜（Gina）是一家小型出版公司的签约作者，她说自己也曾有被公司压榨的感觉，她的作品一直卖得很好，但公司给她的报酬却少得可怜。那时她没有经纪人，名气也不大，所以得费一番力气才能找到愿意与她合作的公司。她不敢当面向出版公司的高层领导提出加薪的要求，于是她把书稿送到了其他几家公司，想试试会不会有人感兴趣。不仅如此，她还做了自行出版的打算，并且认认真真地算了一笔账。

吉娜等来了另一家小型出版公司的回音，他们给出的条件比现在这家公司要好。有了这根橄榄枝，再加上她对自行出版所做的了解和准备，她找到了公司的高层领导，把自己的想法和决定告诉了对方。吉娜的态度非常友善，但她也做好了拿不到理想数字就坚定离开的准备。公司高层领导听完吉娜的话，决定给她加薪，因为他们终于看到了吉娜真正的价值。

要摆脱“门垫”属性，我们必须停止为那些压榨、伤害我们的人找借口，委屈自己去迎合他们，或强迫自己在没有准备好的时候原谅他们，执迷不悟地认为原谅是最高尚的事。“原谅”这个词折磨了太多人，尤其那些深受伤害的人。从“无为”的角度出发，我们可以把“原谅”换成“释放”，换句话说，你不需要“原谅”他们，而是应该“释放”他们，让他们离开你的生活，这样一来，他们自然也就无法控制你了。所以，请把“我要怎么原谅他们？”换成“我该怎么释放他们？”然后开始关注自己，爱自己，珍视自己，告诉自己“我有力量解决任何问题”。

自爱的关键

我有一个锻炼自爱的方法，那就是把真实的感受写下来，这个办法对疏解情绪很有效果。我想请你在日记里写下以下几个问题的答案：

- 我是不是对自己太苛刻了？
- 我是不是允许他人随意践踏我、压榨我？
- 我是不是极力讨好他人，不惜牺牲自己？

- 我是不是总感到疲惫不堪？
- 我是不是总想让伤害过我的人认可我？
- 我是不是害怕让人失望？
- 我是不是总把时间留给他人，却忽视了自己？
- 我会不会因为对自己好而产生罪恶感？

如果你对以上任何一个问题给出了肯定回答，那么你对自己的爱还有很大的“成长空间”。如果你真的爱自己，你会做些什么和现在不同的事呢？你可以把答案写下来，但必须是真正诚实的答案。比如，你可能会花更多的时间照顾自己——做运动、散步、去买菜下厨做些更健康的食物、在大自然里享受一段安静时光（这里的答案或许会和“充电”活动有所重合）。或许你会想回到学校，把以前没有拿到的学位拿到手，或是参加一场一直感兴趣的活动。给自己列一张长长的单子吧，即使不能把所有的事都做完，但你仍然可以每天挑一件来做，把它作为你爱自己的标志。

爱自己，我们才有力量爱别人，与那些对我们的生活毫无积极影响的人挥手告别。为了保持这种积极的状态，我自创了一条祷文：我只和爱我、认可我的人相伴。这条祷文能提醒我把注意力放在肯定我、支持我的人身上，而不是白白浪费精力讨好那些把我看作“门垫”的人。

当然，我们难免会遇到待我们不好的人，比如颐指气使的上司、难以管教的孩子、不可理喻的同事。我们总会遇到这样的情况，但只要我们电量充足，光芒闪耀，我们就有足够的精力去解决这些问题，而不至于贬低自己，丧失力量。我们会通过自己的力量解决问题，而不是一味地忍气吞声，甘愿当个受害者。

我想说明一点：心理学互助小组有其重要作用。我接触过的导师和团体都心怀善意，他们传递的信息对整个世界来说也是正面、积极的。但请不要忘记，导师的真正作用是帮助你强化自己的内在指引，而不是巩固你对他们的信任和依赖，你应该学会用自己源源不断的神性由内而外地滋养自己。

冥想　表达你的神性

我经常默念以下这段文字，练习的次数越多，我就越能感受到体内流动的神圣能量和我对自己的爱。这些文字会给你力量，如果可以，请经常默念它们：

“我是万物的一部分，我始终和万物相连。

我有力量，我能得到自己需要的一切。

我想象自己的能量不断伸展，我能感受到整个变化的过程。

我有灵性，我被爱着。

爱是我与生俱来的权利，无须经过谁的同意。

我释放所有的怀疑和恐惧。

我要无畏地做自己，表达自己，因为我值得。”

第六章

当身体开始反抗

诗文："身体的声音，我洗耳恭听。"

在你努力提升灵性，磨炼直觉，强化与意识之网的联系，培养健康"自我"的时候，请别忘了有意识地照顾、关爱自己。共情者总在奉献自己（甚至到了病态的程度），这会大量损耗我们的生命力能量。在前一章，我们已经讨论过"充电"的重要性，这个"电"就是我们的生命力能量。

共情者的治疗应该体现共情者的特点，也就是说，我们所有的特质——自我损耗、吸收他人的恐惧和疾病、混淆他人和自己的想法、极易受外界影响等——都会影响最终的治疗效果。作为共情者，我们必须学会"屏蔽"他人的疾病和他人对我们疾病的看法，积极介入我们自己的治疗过程。如果生病的不是我们，而是我们爱的人，那么我们还要帮助他们注意这些细节。

这些措施对医护人员尤其重要。朱迪思·奥尔洛夫发现，许多共情者会选择（也很适合）医生、护士、治疗师等职业，因为他们天生乐于助人。共情者生来对救助、照顾、治疗他人感兴趣，他们直觉敏锐，能快速察觉他人的需求，总是竭尽全力为他人排忧解难，因此，共情者是医疗行业的理想人选[14]。

但对于医生、护士岗位上的共情者来说，他们不仅要承受工作环境的刺激，还要消化因为长时间照顾病人而累积的压力。如果你也是医生、护士或其他医护岗位上的共情者，而且每天都要和心情忧郁、恐惧不安的病人接触的话，你必须学会"中和"这些负面能量。你要建立一套"自我关爱机制"，否则你会疲惫不堪，总是受他人病痛的影响。

那医护岗位上的共情者和必须照顾家人的共情者应该怎么照顾自己的健康呢？怎样才能既照顾好家人、朋友，又不累垮自己？怎么才能不因为共情而生病？怎样屏蔽他人因生病而产生的情绪？

我在工作中接触了许多患有癌症和其他重疾的人，他们的心里都充满了恐惧。我想尽我所能地帮助他们，但我也记得在哥斯达黎加时萨满对我说过的话——我总是为了帮助他人而牺牲自己。于是我开始有意识地照顾自己，在每次活动前先做一些冥想练习，控制我的能量场（参照第三章末的冥想练习），不让其他人的病痛进入我的身体，把我的生命力能量调动至“兴奋状态”（参照本章末的冥想练习）。通过这些方法，我再也没有因为靠近病人而生病了。不仅如此，我发现自己澎湃的生命力能量还会积极地影响我身边的人——他们脸上的笑容多了，他们说心里的负担和恐惧好像都消失了。

用爱治愈恐惧

索妮的确诊是我恐惧癌症的起点——她都病了，那我也可能生病。我想先说明一点：我之所以总提到癌症，是因为癌症是我曾经面对的疾病，困扰你的可能不是癌症，而是多发性硬化症、狼疮、囊肿性纤维化、过敏、慢性感染，或其他疾病，但这并不影响本章的观点和发现。

索妮一直是个阳光、健康的姑娘，我从没想过她会生病，但她就是病了。在索妮确诊的几个月后，我丈夫丹尼的姐夫也查出了恶性肿瘤。我害怕极了，因为他们的年纪都和我差不多。我开始拼命搜索“癌症”和“致癌物”的信息，起初是为了帮助索妮对抗癌症，但搜索过程中，我越来越恐惧，后来，一切可能致癌的东西都让我怕得不行——杀虫剂、微波炉、防腐剂、转基因食品、阳光、空气污染、塑料食品袋、手机……我心里的恐惧像疯长的野草，到了最后，生活本身都成了可怕的事情。

丹尼的姐夫和索妮都接受了全套治疗，包括化疗、放疗、手术、干细胞移植等，看到他们没有一点好转，我更害怕了。我害怕这些治疗手段，害怕死亡，不论如何都想避免患癌。就这样，“不得癌症”成了我一切的生活重心，我搜集信息的主题也变成了“如何避免患癌”。我买了大量的抗氧化和抗癌保健品——姜黄素、辅酶 Q10、Omega-3、小球藻提取物、维生素 C、绿茶提取物——每天都吃好几种；我在家种了芽菜，每天早上喝一杯鲜榨的芽草汁；我还把家里的食物全都换成了抗癌食品——羽衣甘蓝、小扁豆，还有其他很多种生食。

我遇到了很多和我一样的人，不论他们是已经患病，还是害怕得病，都像我一样——吃大量的生蔬菜，尽量不参加任何聚会，遇到非去不可的情况就自备食物带去。健康饮食是好的，但抗癌饮食或抗病饮食把重点错误地放在了“对抗”上。比如抗癌饮食，它让人关注癌症，而不是健康，而共情者又很容易受外界刺激的影响，结果抗癌饮食不仅不能抗癌，反而更增加了共情者患癌的可能。现在，我重新调整了生活重心，把健康、积极、开心地生活当作我的第一目标，我的所有活动也都围绕这个目标进行。我不再过分关注疾病本身，我努力追求健康，而不是消除疾病。

但当时的我已经“走火入魔”，报纸和新闻一有“最新发现”，我就立刻调整饮食。丹尼和我在家里装了一套反渗透滤水系统，我们甚至自己测量电磁场，想找出家里还有什么不符合标准的地方。我相信自己肯定不会患癌，因为我已经把能做的都做了，要是哪天我漏吃了一种保养品，我会非常害怕，然后加倍注意。这一套自制的保养法让我身心俱疲，因为我每天都为了“不得癌症”而拼尽全力，我的全部注意力都放在了癌症上，后来怎么样了呢？我还是得了癌症。

这时我才终于意识到——不是在确诊，而是在即将死于癌症的时候，我不应该把精力都放在避免患癌上，而是应该努力、认真地生活，享受每一天。

还有一点是我没有意识到的，那就是我如此费力地追求健康，反而给心灵释放了一个信号——如果不这样努力，我就不可能健康。布鲁斯•利普顿（Dr. Bruce Lipton）博士在他的畅销书《信念的力量》（*The Biology of Belief*）中讲述了我们“与生俱来的自愈力”，他解释道：“从六岁起，人的大脑就会慢慢发生变化，因为我们会对自己在这个世界的身份不断有新的认识，而且大多数情况下，后天的信念会战胜先天的基因。”[15] 对我来说，这个信念就是“必须努力才能保持健康”，对其他人来说，这个信念可能是“我住在一个有毒的环境里”。我天生体弱”“我有家族遗传病史”，或其他毫无益处的想法。

共情者容易生病的另一个原因是我们总喜欢把别人的问题（甚

至全世界的问题）揽在自己身上。我们觉得自己理应帮助所有人做所有事，要是做不到，我们就会不安，甚至愧疚，不惜和其他人一起受苦让自己“好受一些”。换句话说，“如果你在受苦，而我又帮不了你的话，那我就和你一起受苦吧。”

我有一位读者经营着一家小型企业，她写信给我，说她一看到员工加班就感到非常内疚，所以即便自己的工作已经做完，她也会等到所有员工都回家了，她才会离开。结果每天她都很晚才能到家，而她的五十名员工平均每个月只需要加一天班。这就是我面对索妮时的感受——愧疚，选择和她一起受苦，而我的病就是身体的怒吼：“够了！”很多时候，生病是身体在“逼”我们放松。

埃斯特·希克斯（Esther Hicks）和已故的杰里·希克斯（Jerry Hicks）在《心想事成的秘密》（*Ask and It is Given: Learning to Manifest Your Desires*）和《吸引力法则》（*The Law of Attraction*）中言简意赅地说道：“不论你病得多重，都不会让生病的人好起来；不论你多穷，都不会让贫穷的人富起来。你得先活好自己，才可能帮助别人。”[16] 共情者应该牢记这段话，好好照顾自己，关爱自己，因为这才是生活的根基。下面看看具体应该怎么做吧。

治愈的四大关键

假如再次面对癌症，我一定不会像从前那样处理。当时，我做的第一件事是询问医生该怎么治疗，还到谷歌上搜索自己的症状（相信我，这个办法除了徒增恐惧外没有任何作用），想搜集一切可能有用的方法。好心的朋友也给了我很多信息，我感觉自己被信息的潮水淹没了，而且那些信息中有不少是相互矛盾的，这就更加加深了我的困惑、恐惧、压抑。不仅如此，所有信息关注的都只是身体层面的治疗，即消除某种症状、治愈某种疾病——发病的过程、体检的指标、对身体的影响，完全不提生病的原因和未来的健康。如果能回到当初，我会用下面的方法去面对疾病，这也是我给所有正在与疾病斗争的人的建议。这四个方法的先后次序与其重要程度相对应。

1. 问问自己："我能对什么说'不'？"

如果你总是很难说"不"，总在包揽本来不属于你的责任，那么你应该问问自己："这些事有哪些是我不想做的？""我可以拒绝什么？""我答应了哪些其实自己不愿意的事情？"

你可能总在"自觉"地帮助别人，即使没人求助，也没人需要帮助。你可能总在主动"加码"，因为你害怕让人失望，结果给自己增加了许多负担。

下面这个方法可以有效舒缓小的病痛，在快要感冒或浑身酸疼的时候，我就经常用它：找一张白纸，把所有自己正在做但不想做的事情列出来，然后鼓起勇气对这些事情说"不"，相信我，这个方法真的有用。

当然，总有一些事是不喜欢也必须做的，而且这些事往往让人异常疲惫，比如照顾生病的孩子或年迈的父母——他们真的需要帮助，你真的很爱他们，而且照顾他们本身就是你的责任。如果你正在面对这样的情况，那么请接纳它，承认它占用了你大量的精力，然后去做些你喜欢的事，给自己的"电池"充充电。

千万不要因为有"想休息一下"的想法而苛责自己，你需要给自己留些时间，不带任何愧疚地做你喜欢的事情，不论什么，只要你觉得开心。

或者，你可以给责任来一次“变身”，特别是照顾小朋友的时候，你可以尽情发挥，把责任和琐事变成有趣的挑战和游戏。很多时候，想法转变了，责任也就不那么沉重了。

2. 学会接受

你是不是总在拒绝别人的好意？如果你总想着讨好别人，只知付出，拒绝接受的话，请一定努力改掉这个习惯。

你可以从小事做起。比如在得到夸奖的时候欣然接受，说一句“谢谢”，而不是拼命否认、逃避；面对礼物时顺其自然，不要让着急“还人情”的压力破坏了那份心意。

对于难以接受也无法拒绝的人来说，疾病可能是身体把我们从现在的生活中拯救出来的方式，或是要求我们改变生活方式的呐喊。我知道这就是我生病的原因，面对生病的索妮，每天我都愧疚得喘不过气。

3. 热爱生活，享受生活

下一步，你要学会热爱生活，问问自己："如果我现在就能好起来，接下来我想做些什么？"不论你的答案是什么，请立刻行动起来，或者至少朝着那个目标迈出一步。

健康问题很可能是身体的"警铃"，提示你现在的生活方式正在损耗你的生命力能量。大多数病人都只关注疾病本身，想赶快治好它，然后再次回到从前的生活中去，却丝毫没有意识到那种生活方式正是导致他们生病的原因。因此，我们必须让生活快乐、积极一些。

请问问自己：为什么我要好起来？为什么我想找回自己的生活？我还想回到从前那个让人头疼的生活中去吗？我会多花些时间陪伴我爱的人吗？我会多做些能让自己兴奋的事吗？我会不会给自己多放些假？少做些工作？做自己喜欢的事？追求心中的梦想？发掘我真正的理想？我希望你能在治疗期间想想这些问题，你应该向往自己的生活，知道自己的目标，有一个想要健康长寿的强大理由。

对我来说，生活目标是影响健康的一大因素。为什么我活着？我的目标是什么？我想弄清自己渴望健康生活的理由——如果生活只是煎熬那么，恢复健康也就失去了吸引力。

如果现在的我再次面对疾病，我一定会把治疗当作一次自我发现之旅。如果你特别仰望某人，或是特别想做某事，不必怀疑，那就是你的使命。我很喜欢“使命”这个词，我觉得这是来自未来的自己跨越时空的呼唤。

你可以通过想象力找到这个使命。当我放飞想象，我会感到自己和某种神奇而美丽的东西连在了一起，那就是我的第六感、我的直觉、我的更高自我。但当我向人们形容这种感觉的时候，他们的反应总是：“那不过是你的想象罢了。”但正是这种想象让我找到了自己的使命和活着的意义，它把我和我的精神、灵魂联系在了一起。

很多人认为遵从欲望和理想是自私的表现，但事实根本不是这样。如果你压抑想象，压抑欲望，压抑理想，那你也就否定了自己来到这个世界的目的和意义。

我能通过想象与自己的灵魂、精神、更高自我进行交流，我也相信人人都能做到。就像阿尔伯特•爱因斯坦（Albert Einstein）说的：“想象力比知识更重要，因为知识是有限的，而想象力概括着世界的一切，推动着进步，并且是知识进化的源泉。”[17] 所以，如果你想找到自己在宇宙中的位置，拥有与世间万物的联系，那就请释放你的想象力吧！

4. 问问自己，“我该怎么照顾自己的身体？我可以选择哪种治疗方式？”

当身体出现问题，人的第一反应往往是赶紧接受治疗。但现在，只要不是急症，我一定会把治疗往后放一放。突然进入治疗一定会引发恐惧，而面对疾病，最重要的是不让恐惧成为治疗的起点。乔•迪斯本扎博士在为凯利•努南•戈尔斯（Kelly Noonan Gores）的《超愈力》（*Heal*）一书所作的序言中强调：“压力会破坏身体的平衡。”[18]治疗需要在平静的状态下进行，因此，你必须先消除心里的恐惧和压力，这样，你的大脑才是清晰的，你的选择才更可能是正确的。

在寻找治疗方案的同时，你还应该有意发掘你的喜好和目标。你应该好好研究治疗方案，但你更应该多放些精力在前面的三件事上，它们都比治疗本身更重要，从传统医学的角度来看，虽然它们可能连治疗都算不上。

面对不同的治疗方案，我建议你选择最能让你安心、踏实的一个。这个标准也同样适用于医护人员的选择。

在这里，我想和你分享一个我的经历：我曾经的主治医生从来不听我的意见。一次，我到她的诊所做例行体检，结果一切正常，但血压偏高。这个结果让我非常惊讶，因为我的血压一向不高，有时甚至偏低。我请她又量了一次，结果还是偏高，这下，她也警觉起来了，嘱咐我过几天再去复诊。

几天之后我又去了，这一次，我的血压高得吓人。我的主治医生给我开了降压药，但我不想吃药，于是问她有没有什么天然的东西能起到降压的效果。她一口回绝："没有，这不是天然的东西能解决的问题。"于是我只好吃了降压药，但几天后，我的身体出现了异常反应——头晕目眩，浑身无力。于是我又去到诊所，询问是哪里出了问题，医生给我量了血压，说我的血压处于正常范围。但我吃了降压药，血压正常根本说明不了问题，而且我已经出现了不良反应。即便如此，医生还是让我继续吃药，因为她说药已经"起效"了。

在忍受了几周的晕眩、乏力之后，我到药店买了一个血压计。回到家里一量，我发现我的血压已经比正常值低出了很多。我停了几天药，然后又量了一次，发现我的血压又回到了正常范围。后来的几天，我每天都量血压，结果发现即使不吃药，我的血压也都在正常范围。我不明白这是怎么一回事，好像我的血压只有在医生面前才特别高。我打开谷歌，搜索"在诊所血压升高"，结果发现这竟然是特别普遍的现象！许多人在面对医护人员的时候血压都会升高，这种现象叫作"白大褂效应"，是指人在面对医生的时候因为压力水平上升引发的一系列身体反应。再去复诊的时候，我把这些发现告诉了医生，但她只是不屑地耸了耸肩。她早就知道这个现象，也没有再要求我继续服药了。

我和这位医生相处得并不愉快，于是我更换了主治医生。幸运的是，新的医生愿意接纳我的想法，和我一起寻找其他的治疗手段（也就是前面提到的自然疗法）。当然，这并不是说医生应该鼓励病人自己看病、开药，但他们应该尊重病人的想法、直觉和喜好。

人人都渴望被理解，共情者也是一样。我们希望医生知道共情者的特点，理解我们的想法。比如，共情者总是对医院特别敏感、容易害怕，因此，懂得鼓励病人积极治疗、追求健康幸福、不煽动恐惧情绪的医生更适合我们。不论你选择传统疗法、替代疗法，还是二者的结合，请时不时地问问自己："现在的治疗是让我感觉越来越好，还是越来越差？"如果答案是前者，那么你的选择就是正确的。

如果某个医生或某种治疗方法让你感到特别害怕，那么我希望你果断拒绝。曾经，我既害怕接受医生提出的治疗方案，又害怕拒绝它。我把所有的决定权都给了医生，因为我不想惹他们不高兴，我害怕违背他们的"命令"，即便直觉告诉我我需要的并不是那些。后来，我开始怀疑自己的能力，怀疑得越深，我的病越重。

许多来参加活动的人说他们也有类似的经历，其中一位女士给我留下了深刻印象，因为她在生病期间把决定权牢牢地握在了自己手里。她说那时她病得很重，主治医生对她的情况并不乐观。她很害怕，感觉治疗没有一点效果，她满脑子只有自己的病痛，甚至无暇顾及治疗，更看不到一点痊愈的希望。后来，她鼓起勇气，把当时的主治医生“炒”了。她向家人解释，并很快得到了他们的支持。一位同样是共情者的朋友向她推荐了另一位医生，在那位医生的帮助下，她感觉自己重新拥有了力量，开始朝着痊愈的方向前进。后来，她的病好了，这次经历让她体会到了医生的理解和支持是多么重要。医生应该做的是引导病人追求健康，而不是让他们在与疾病斗争的时候折磨自己的身体。在新的主治医生的引导下，她的整个治疗过程都很顺利，她不觉得痛苦，也不感到恐惧。

我们的身体远比我们想象的聪明、坚强，有韧性。心态和情绪是治疗的关键，我们必须先保证情绪健康，信任医生，相信他们能感知我们的心理和情绪需求。

面对不同的治疗方法，不论是传统疗法，还是替代疗法（比如能量疗法），在做选择以前，你应该先问自己几个问题：哪种治疗方法最能让我感觉踏实、安心？哪种方法能让我感觉自己的生命力能量在增长？哪种方法能让我得到滋养？

你应该选择适合你的治疗方法和支持你的医护人员。你的医生应该鼓励你相信自己的选择，而不是告诉你他们有不同意见，让你更加困惑、恐惧。治疗期间，你应该尽量和质疑你选择的人保持距离，因为治疗效果首先取决于你对自己的信心。医生的肯定和支持也很重要，你要相信在你和医生的共同努力下，你一定会恢复健康，甚至比生病前的状态更好。你要让支持你选择的医生、家人、朋友陪伴在你的身边。

但很不幸，在我生病的时候，我身边充满了不同的声音，这让我非常头疼。如果还有下次，我一定不会让这样的情况发生。我会只把支持我的选择、帮助我、鼓励我的人留在身边，然后与其他人暂时道别，直到我康复为止。

学会使用你的生命力能量

关于生命力能量，我还想多说两句。生命力能量，也叫生命气息或性力，是存在于每个人体内的力量 / 宇宙能量。在我看来，治疗的关键在于用自己的生命力能量去治愈身体，而不是依靠药物、手术或其他任何手段。但这并不是说它们完全没有用处，在我们非常虚弱的时候，药物和手术能为我们争取一些时间，让我们有机会使用自己的生命力能量。

为了说清楚什么是“使用生命力能量”，我需要借用你的想象力。

在前面的章节，我曾请你试着想象生命力能量的模样，现在，我要请你在那个练习的基础上再进一步。

你需要找一个安静的敌方，如果条件允许，你可以再放些轻柔的音乐。

疗养之地

现在，请展开想象：你处在一个环境优美的疗养所里，靠在一张舒服的躺椅上。你身边有一位医师，她把一个袖带套在你的手腕上，测量你的情绪和能量反应。那个袖带连着一个小小的显示器，显示器的屏幕上跳动着不断变化的数值。

医师准备了很多问题来测试你的情绪反应，她每问一个问题，你的思考就会牵动情绪，带动显示屏上的数值上下波动。想到你的孩子、宠物小狗或是某个深爱的人，你可能感到非常愉悦；想到某个讨厌的人或烦心的工作，你的心可能猛地一沉。你的感受变了，显示屏上的“情绪值”就会跟着变化——你开心，它就高于“基线”；你难过，它就低于“基线”。这个“基线”因人而异，因此，你可以设计一套专属于你的“心理量表”，用来测试你的能量对不同感受的反应，你可以把能量值设定在1~20之间。

医师会根据你的回答选择下一个问题，这些问题相互关联，层层递进，在你回答问题的时候，显示器会把你的能量变化全程记录下来。

你也可以自己设计问题，要是练习时突然想到了什么，你可以随时把它们加进你的“题库”里。下面是一些固定问题，在你思考答案的时候，请留心观察身体的反应，想象这些反应都变成数值反映在显示屏上。

• 你孤独吗？

• 你现在的人际关系如何？

• 你有爱的人吗？有人爱你吗？

• 你觉得自己的人生有目标和意义吗？如果有，具体是什么？

• 你觉得生活快乐吗？

• 哪些事能给你快乐？

• 哪些事会让你害怕？哪些事会给你带来压力？

• 你目前的经济状况如何？

• 你对目前的工作满意吗？如果不满意，你是不是不喜欢，但又不得不做？因为你别无选择，或是某种原因无法脱身？

• 说起童年，你想到了什么？有什么样的感觉？（爱意？温暖而安心？疲惫且恐惧？）

• 想到家人，你有什么样的感觉？（爱意？温暖而安心？疲惫且恐惧？）

• 是某一位家庭成员让你有这样的感觉吗？（爱意？温暖而安心？疲惫且恐惧？）

• 你有宠物吗？如果有，你和它们相处，或想到它们的时候有什么样的感觉？

• 你有特别让人费神的亲人吗？你是不是不可能完全避开他/她？

回答完上面的问题，医师会继续了解你的饮食情况。

1. 你最喜欢吃什么？

2. 你最讨厌吃什么？

3. 你有爱吃，但不让自己吃，因为你觉得它不健康的食物吗？

4. 你有不爱吃，但强迫自己吃，因为你觉得它健康的食物吗？

5. 你爱吃哪些食物，而且它对你的身体有好处？

6. 你爱吃哪些食物——而且平时会吃，但是对你的身体没有好处？

在你逐一回答这些问题的时候，医师会观察、记录你的能量波动情况——哪些食物能提升你的能量，哪些会损耗你的能量——最后的结果可能让你感到非常吃惊。

比如，最能提升你能量的可能是冰淇淋，因为你吃冰淇淋的时候感到非常快乐；而吃芽草汁在损耗你的能量，因为它的味道让你觉得恶心。可一直以来，你不允许自己吃冰淇淋，因为你觉得它不健康；你强迫自己喝芽草汁，因为你相信它才是健康的。当然，芽草汁也可能提升你的能量，如果你坚信它对你有益的话，因为“正确的”选择带来的满足感也能提升能量水平。

接下来，医师会继续了解你的运动情况，了解不同项目对你能量水平的影响，帮助你找到最适合你、最能提升你生命力能量的项目。你可以提前列好题目，也可以在测试过程中自由发挥。下面是一些供你参考的例题。

1. 你最喜欢什么运动？如果是瑜伽，具体是哪一种？是高温瑜伽、生命力瑜伽、哈达瑜伽*，还是流瑜伽**？如果是游泳，那你更喜欢在泳池、湖泊，还是大海里游泳？

2. 闲暇的夜晚，你最希望怎样度过？如果你选择出去吃饭，那你最想吃什么？你喜欢什么样的餐厅——随意的，高档的，或是在户外野餐？如果你选择看电影，那你最爱看的电影是哪种类型？

3. 接着是我的最爱——音乐。不同风格的音乐能引发不同的心境和不同的能量反应。试听几种不同风格的音乐，同时测量、记录

* 传统哈达瑜伽是一个古老的瑜伽系统。在练习时要控制呼吸，配合着深沉的呼吸慢慢练习，强调完全的放松。这是一个没有竞争感的练习，强调对每一个体式的感觉，而不是做到完美。整个人完全集中，身体和精神和谐工作，给身体和精神带来幸福感。——译者注

** 流瑜伽是在瑜伽传播到西方后在欧美诞生并确立的流派，是哈达瑜伽与阿斯汤加瑜伽的混合体。它的练习风格和难度介于两者之间。其侧重伸展性、力量柔韧性、耐力、平衡性、专注力。因为它的体式之间的衔接给人一气呵成之感，所以称“流瑜伽”。——译者注

你的能量水平。每个人对音乐的喜好不同，这个练习能引导你发现最适合你的音乐风格，让音乐提升你的能量，加速你的恢复。

4. 日常活动。你喜欢逛商场、逛超市、开车兜风、和喜欢的人一起共进晚餐吗?

5. 度假。不论你喜欢骑行、露营、跟团游、徒步、登山、都市观光、农家乐、圣地巡游，还是豪华游艇或高档酒店，只要能让你感到愉悦、放松，那么这种假方式就是适合你的。

评估

在回答所有问题之后，你就得到了一份全面的自我评估报告（如果需要，你可以随时回看前面的问题，确认自己的答案），这份报告能清楚地回答下面这些问题:

• 生活中的哪些事在损耗你的能量，比如孤独、对工作的厌恶，或其他事情。

• 哪些事能提升你的能量，对我来说，最有用的就是看一场喜剧，听一首舞曲，买一双新鞋，和能让我开怀大笑、让我安心展露真实一面的人在一起。

• 谁在损耗你的能量。

• 怎样提升能量（充电），让自己快速恢复活力，比如用合适的方式放松，听听音乐，做做运动，多和对的人接触。

• 哪些食物能滋养你，哪些不能？

这些答案因人而异，因为这由每个人的生活方式所决定。为了让你的能量维持在较高水平（少做一些损耗生命力能量的事，多做一些有助于提升它的事），这间疗养所还为你配备了私人咨询师或私人教练，他／她会引导你学会自爱，帮助你找到自我价值和生活目标，引导你排解孤独的情绪。医师和咨询师会鼓励你多听音乐，读感兴趣的书，参加瑜伽或冥想课程——这些疗养所都会提供。他们还可能建议你暂时远离科技产品，告别社交媒体和电视新闻。当然，如果你想一个人静一静，疗养所里也有合适的地方。

这一切的基础是：如果我们的生命力能量长期处在较高水平，我们体内的富余能量就会被自动用于身体的自我修复，也就是"自愈"。一般来说，生命力能量旺盛的人其身体也比较健康。如果你的健康出现了问题，那么你应该特别注意避免以下情况，它们会损耗你的生命力能量，让你生病，或是拖慢你的康复过程。

• 拼命奉献直到精疲力竭，不知道怎么接受别人的好意。

• 不知道怎么给自己"充电"。

• 觉得自己不应该开心，不应该对自己好。

• 觉得自己不配拥有美好的事物。

• 总感到焦虑不安，原因可能是人际关系、经济状况或工作情况。

• 长期感到孤独、悲伤或在某种创伤中走不出来。

如果你是共情者，而且总在讨好他人，无法拒绝，经常做违背自己意愿的事，那么你很可能在损耗自己的能量。但有了这个工具（疗养所），你会对这些损耗能量的事有所警觉。

想象这个工具（疗养所）是真实存在的，这样你就能深刻理解为什么长期处于上述状态的人会出现健康问题。疗养所的咨询师和教练能看到具体症状，帮助我们更好地解决问题，建立边界，提升自尊。不仅如此，你的教练（也就是你自己）还会帮助你提升能量。我梦想着这样的疗养所会在未来成为现实，但现在，你可以用想象为自己建一座疗养所，自己扮演病人、医师、教练，探索生命力能量。你也可以用这个办法帮助其他人，做他们的医师，或者你也可以请别人做你的医师。

维持生命力能量的一大原则就是和支持你、能激发你生命力能量的人在一起。他们应该把你看作有理想、有抱负的普通人，而不是那个生病的人”；他们应该用对待所有人的方式对待你，因为你和所有人一样有着光明的未来。如果你的身边有许多能鼓舞你的人，那么疾病和恐惧就会从你的意识中离去。

就像布鲁斯•立普顿博士（Dr.BruceLipton）在《信念的力量》

中说的那样："思想是心灵的力量，能直接影响大脑对身体机能的控制。"[19]

细胞生物学家的这句话振聋发聩。乔·迪斯本扎博士在《启动你的内在治愈力》（*You Are the Placebo*）一书中呼应了这一观点，分析了人的想法对身体机能的影响——一个积极的想法出现了，这个想法会引发具体的感受，具体的感受又会进一步巩固这个积极的想法。因此，身体不适的时候千万不要把注意力集中在不适的感受上，而是应该去想些积极的事，让新的想法引发新的感受，最终带领你进入新的状态"[20]。

前面的章节已经说过，我们所有人都是同一张网上的结点，由无形的"线"连接着，这无形的"线"就是能量。能量可以从较强的点向较弱的点流动，这就是我们为什么要努力追求健康、快乐的原因，因为我们的快乐不仅属于自己，还会通过这张网影响我们的家庭，甚至整个世界。健康快乐的人是能量的贡献者，许许多多的人会因为他们的正面能量受益。

冥想——提升生命力能量

不论你是想摆脱萎靡不振的状态，还是想维持精神焕发的状态，我都建议你试试下面这个练习。

“我看到一束光从天而降，照射在我的头顶。

这束光可以是任何颜色，这由它自己决定。

光芒进入我的身体，照亮我的头、颈，进入我的胸膛。

它在我的体内流淌，来到我的双手、双脚，把紧张和疲惫一扫而净。

这束光明亮极了，在我身体四周映出一个光圈。

我能控制这束光的明暗，它越亮，我的气场就越强。

我的气场越强，我的生命力能量就越强。”

第三部分

你与世界的关系

第七章

多想成为你！

诗文："我并非只有肉体，我是永恒的存在！

我从自己所经历过、读到过、听说过的得知，共情者大都会经历两个"蜕变"阶段。我们已经讨论过第一阶段：认识共情者的特质，掌握认识自己的方法。我在濒死体验中完成了这一阶段的蜕变，但你可以通过其他方式——比如冥想、草药，或是走在路上的灵光一现*——感受另一个空间，窥见天堂的模样，拓展对现实的认知。你还可能在这一阶段弄清自己来到这个世界的目的。

第二阶段则是"外部阶段"，关键在于经历了第一阶段的蜕变后怎样开启新的生活。我们要在这一阶段把此前的经历融入日常生活

* 原文为 Aha moment（顿悟时刻、灵光一现），指的是我们突然理解了一个以前无法理解的问题或概念的时刻。——译者注

中，这也是很多人觉得特别困难的一步——这确实很难。要在汽车喇叭和电话铃声此起彼伏的同时爱自己，保持与内在神秘和世界万物的联系，这一定是困难的。所以我想帮助你，让你学会把内在意识融入外部世界。

你的染料里有什么？

我把每个人身处的环境称为“染缸”，这包括他所处的主流文化和他相信的真理。每个人都浸泡在由特定思维、信仰、行为模式组成的染料里。第一阶段的蜕变把我们从染缸里暂时捞了起来，让我们得以从高空视角观察生命的整体和我们在其中的位置。有了这样的体验，我们就很难再适应从前的染料了。虽然每个人的染料不尽相同，但“我们都是独立个体——我们只有肉体——我们必须竞争，因为资源（金钱、工作、食物、关注、赞美、爱……）有限”的观念很可能是配料之一。事实上，就像我说过的那样，所有人都彼此相连，但并不是人人都同意这个观点。

刚从濒死体验中苏醒的时候，我还沉浸在另一个空间的感受中。在那里一些常规认知的法则并不适用，那里的一切都和这个世界不同，这让我开心极了。我以为人们会对我的经历感兴趣，但当我开始分享的时候，很多人都质疑我，因为我说的和他们从学校、文化、主流医学中学到的完全不同。我的经历不符合这个世界的主流观念，所以他们不相信我。我只能一面承受否定和批评，一面坚持自己。在那段日子里，这本书中提到的方法给了我很大帮助——专心爱自己，与内在神秘保持联系，倾听直觉的声音，让生命力能量保持在高涨状态。我知道我必须勇敢做自己。

即便知道这个世界上的任何事情都不能伤害我们——因为我们的能量永远不会消失，但当所有人都习惯性地对和自己不同、不认可自己信念的人报以敌意的时候，我们还是会感到疲惫不堪，甚至非常孤独。但这只是暂时的，因为还有其他人在用和我们一样的方式感知世界，他们会被真实的我们所吸引，最终，我们会收获比其他人更多的爱与理解。

从意外经历回归日常生活，我们还可能面临一个难题：如果要把蜕变的感悟融入平日的生活，我们会面临许多挑战，因为我们感知现实的方式已经和别人完全不同；如果因为意外经历的震撼选择离群索居，那我们也就失去了留在这个世界的意义——我们不如待在自己的“来处”，那个我们出生前一直都在，也终将在死后回归的地方。

所以我想再次强调，真正的挑战并不是意外经历本身，而是如何在“回归”后将这一体验融入日常生活。一旦有了这样的经历，我们就不可能忘记它。它和梦——在沉睡时登场，黎明时谢幕——完全不同。意外经历甚至比我们的日常生活更加真实。和意外经历相比，当下的一切更像幻想……像一场梦。忘记是不可能的，我们无法抹去已知的事实。而且时间过得越久，那些感受就越真实，因为我们会看到越来越多的意外经历成为生活中的事实。不过，我们仍然可能在一些时候忽略那段经历，因为物质现实会一直怂恿我们怀疑自己，让我们只相信五感现实，因此，我们必须掌握方法，同另外那个世界保持联系。

许多像我一样有过濒死体验的人都认同这个观点。但请记住：濒死体验是我获得领悟的方式，其他人的观点也只代表他们的意见，濒死体验绝不是获得蜕变的唯一方法。我认识一位医生，他曾因为心脏病差点儿丢了性命，后来，他辞去了医生的工作，开始潜心研究能量治疗，因为他从自己的经历中知道了饱满的能量对健康来说是多么重要。一开始，他的家人并不支持这个决定，因为收入的减少会影响全家人的生活。但在他看来，金钱已经不是最重要的了，他很清楚自己的目标，并认定这个目标高于一切。慢慢地，他赢得了家人的支持，因为他很坚定，不愿回头，也回不了头。

意外经历——不论你与它相遇的契机是什么——就像一扇门，它为你而开，邀你进入。这段经历将永远伴随着你，这也是所有与我交谈过，曾经历过濒死体验或觉醒时刻的人一致认同的。这扇门一旦打开就不再关闭，因此，你得到的清醒和智慧也永远不会消失。一旦穿过那扇门，你就和门外的人生彻底道别了。

从那扇门回来之后，我的生活发生了翻天覆地的变化，我开启了一段全新的人生。在濒死体验后的几周，我逐渐恢复健康。但我知道自己正处于“无敌”状态，所以这样的恢复速度在我看来是很正常的。我明白了过去的自己为什么总在扮演受害者的角色——要是能早些知道该怎么做，我就能用好自己的力量，主宰自己的人生。我懂得了我的强大无须经过任何人的许可，我始终拥有力量，只是我在染缸里看不到它罢了。我的染料，或文化环境，是由受害者身份、性别差异、比不上别人的自卑感组成的。现在，这些想法和感觉已经烟消云散，我再也不是以前的我——那个“旧我”已经消失了。

所以，我们必须忠于“重生的自己”。无畏做自己，一切都会变得顺利。

滤镜和镜子

创伤经历总是让人耿耿于怀，那些经历会变成有色眼镜或滤镜，让我们习惯于透过它们观察世界，塑造人生。你的滤镜可能是这些想法：“我生活在一个必须全力与人竞争才能获得成功、证明自己的世界里”“世界上的资源无法满足所有人的需求，如果我不竞争，资源就会被抢走”，或者“我必须无时无刻不地证明自己的价值”。

小时候被欺负，甚至虐待，或是永远得不到父母认可，这些经历都可能变成有害的滤镜。当你透过这些滤镜看世界的时候，你可能总是感到害怕，除了极个别的人之外不相信任何人。或许某次经历让你不再相信陌生人，换句话说，你给世界罩上了一层不信任的面纱。你也许总是惴惴不安，觉得凡事都不会有好的结果，所以你只敢打安全牌。又或者像之前说的：你总把别人的认可作为选择的标准，只用“非冲突”的方式解决问题。

成长过程中，我一直因为肤色和样貌被嘲笑、欺负，我也因此相信了自己的外表是低人一等的。曾有一个男同学对我说“你长得很丑”，那句话一直扎在我心里，而且我深信不疑。我认可了别人说的“你很难看，你不如别人”，于是这些看法就变成了我看世界的滤镜。结果，我变得非常胆怯，只想躲起来，不想让任何人看到我，因为我不想再面对嘲讽和批评。这样的世界观让我变得内向、自卑，也彻底改变了我对自己的看法，影响了我的生活体验。

要是我生来就是个漂亮可爱的孩子呢？我的滤镜一定完全不同，我对这个世界的体验也一定完全不同。

当然，漂亮美好的滤镜也可能有不好的一面——当容颜老去，你可能会面对前所未有的不安全感。总的来说，我们的童年经历会深深地，甚至永远地影响我们的世界观。

我们无法改写童年经历，许多人成年后仍背着童年的包袱，没有一丝察觉。我们还在用“旧眼镜”看世界，但那副眼镜其实早就不适用了！我们总觉得看到的就是事实，但那其实只是滤镜下的世界。有一次，我在准备登机的时候被要求接受随机安检，那时我已经成年，我的第一反应是“他们肯定是因为我的种族选中了我”。现在想来，那可能真的只是随机检查，但我却自动把它看作了种族形象定性*——因为我在成长过程中遭遇过种族歧视，所以种族歧视就成了我看待世界的滤镜。

我一直不知道这些滤镜对我的影响有多深，直到一次聚会，我

---

* 是指警察等因为肤色或种族而不是证据怀疑某人犯罪。——译者注

偶遇了一位旧友。我认识他时，我们都只有十几岁，我很喜欢他，但又觉得自己不够漂亮，配不上他。那次交谈让我非常惊讶，他说当时其实他很喜欢我，想进一步了解我，约我出去玩，但我却总是一副冷淡、疏远的样子。

听到他说我冷淡，我很吃惊，因为我从来不认为自己是冷淡的人。然后他又说："在我看来，你最吸引人的一点就是你不知道自己有多么迷人。"

那次对话让我意识到，我们或许已经成年，但依然在用童年的滤镜看世界，我们对自己的负面看法可能会变成自我实现的预言*，从而引发不适的感觉。以我自己为例，我的童年滤镜巩固了我"我没有价值"的想法。这就是我们创造生活和看待世界的方式——一切以过去的经历为基础。

我们习惯相信自己感知到的外部世界就是真实世界，而内在的一切只是对外界刺激做出的反应，但事实却恰恰相反。滤镜扭曲了我们对现实的感知，因此刺激我们做出反应的也是失真的现实，而绝大多数人都不知道外部现实其实是我们内在自我的反映。

我们必须学会卸下滤镜，这样才不会盲目相信别人口中的现实，不会被"随大流"和"被认可"的声音压垮。这本书中的方法可以帮助我

---

* 自我实现预言，也叫自证预言（self-fulfilling prophecy），是指人们先入为主的判断，无论正确与否，都会或多或少地影响其行为，促使这个判断成为现实。——译者注

们做到这一点——爱自己，倾听、尊重自己内在神秘的声音。这会让我们变得强大，而不是用削足适履的方法挤进虚伪的外衣。

丢掉滤镜

站在死亡边缘，我突然感觉滤镜全都消失了，我看到了真实的自己。我意识到了自己不是一副肉体、一个形象、一个种族、一种文化、一个性别，或任何曾让我感到“不同”的东西。我明白了这些不过是物质世界的滤镜，来源于我们对自己性别、种族等的看法，而且这些滤镜还会影响我们对其他人的评判。

这个世界的主流想法是：我们只有实体，外部现实就是真实世界，内心世界只是我们的想象而已。如果不喜欢外部世界，我们可以通过努力改变它、掌控它。

我的濒死体验、他人的经历、古人的智慧和之前提到的量子物理学实验都表明，事实和这种主流想法正好相反。如果不满意当下的生活，我们真正应该做的是关注自己的内在世界，多给自己一些爱。我们应该丢弃滤镜和成见，释放内在世界的光芒，让它映照出来，成为外部世界的现实。

对于共情者、讨好者和惯性“门垫”来说，蜕变之后的生活往往更具挑战性。就像我说过的那样，共情者在两个世界徘徊——物质（外部）世界和个人（内部）世界。因为共情者对内在世界非常敏感，所以我们总能接收到不同于现有思维的感悟和指引。但蜕变必须由内而外发生，所以对只会讨好他人的人来说，再有冲击力的信息也可能动摇不了他们。因为他们太在意别人的想法和期望，太想融入集体，太害怕让人失望了。

滤镜大都来源于恐惧，这些滤镜让我们永远觉得自己不够好。想象一下，丢掉滤镜，看到完全不一样的世界会是什么感觉！如果能放下那越积越厚、模糊不清的镜片，这个世界、这个世界上的人、你对自己的看法会有什么改变？没有了滤镜，你不仅能看到过去的自己是怎样受滤镜影响的，还会看清恐惧、贫困、自卑的滤镜在怎样影响他人。

我在自己的第二本书《假若人间便是天堂》中分享了我曾被迫接受我并不认同的观念的经历，那就是滤镜。大部分人都带着滤镜生活，而这往往让我们的生活变得糟糕。如果能丢掉滤镜，我们的生活会更加美好，人间便成了天堂。我们从未从天堂跌落，因为我们与无限自我、伟大自我的联系始终存在。

看到这里，你可能会问：那我该怎么丢掉滤镜？这就是我现在想要说的。如果能意识到滤镜的存在并丢掉它们，我们会更容易看清并把握真实的自己。你可以先问自己这样一个问题：我的滤镜是什么？我正透过怎样的滤镜感知人生？就我而言，童年时被人欺负和种族歧视的遭遇让我变成了总在讨好他人的“门垫”，也给了我“我是环境的受害者”的滤镜。现在，这些旧的想法和观点还会时不时出现，但因为我已经知道它们会怎样影响我对世界和生活的看法，所以它们再也影响不了我了。我可以想象没有它们是什么感觉，也因此朝着告别它们迈进了一步。

我想通过一个例子说明我们能怎样发现并打破滤镜。许多人说自己会时不时地陷入过去的思维，戴上那副“旧眼镜”。比如，当他们突然有了一个工作上的创意，而且有强烈的预感这个想法会取得成功的时候，恐惧和怀疑总会偷偷溜回来，让他们质疑自己：应该已经有人这样做过了吧，我不可能是第一个想到这个办法的人，这肯定不是什么新主意。

克劳蒂亚（Claudia）是一位出色的歌手，她和我分享了一次试镜经历。她说自己一开始特别兴奋、激动、紧张，准备大显身手——这些情绪同时涌向了她。但快要轮到她的时候，她突然感觉嗓子被卡住了，一些不同的声音冒了出来：你以为你是谁？你还真觉得自己能成为专业歌手吗？这不过是你幼稚的梦罢了！她对自己感到愤怒。“现在不是时候！安静！”她对那些声音说，“如果你们非要说，就等一会儿再说，现在先别出声！”但她越是想赶走那些声音，它们就越是吵得起劲。

当这些感受——沉重、悲伤、愤怒、发冷、说不出话、喘不上气——出现的时候，说明你的旧滤镜正伺机抬头。你应该把这些感受当作警报信号，密切关注，严加防范。这时，想象或许能起到很大作用——你可以在心里描绘所有滤镜土崩瓦解的样子，然后想象自己得到了彻底的解放，可以自由地追寻梦想！

克劳蒂亚撑过了试镜，但没有拿下心仪的角色。她没有放弃梦想，决定继续努力。后来再参加试镜的时候，她上台前先深吸了一口气，在脑海中描绘了滤镜消散，自己与真实世界面对面的场景。这个办法奏效了，她不仅得到了那次机会，还在后来收到了越来越多的邀约。

几年前，我曾作为特邀嘉宾参加了一场有多位讲者出席的活动。其中一位讲者的发言让我眼前一亮，于是我在休息室向他搭话，说我非常喜欢他的演讲。当时，他的反应有些冷淡，于是我的滤镜将这些表现解读成了冷漠、冷淡，甚至是傲慢。换言之，我的受害者滤镜告诉我：他感觉我不如他，不配占用他的时间和他对话。

值得庆幸的是，不一会儿，我想通了，我意识到了那是我的滤镜在作祟。这就是我说的“要意识到滤镜”的意思：有了意识，我们就能快速察觉自己是不是受了它的影响。不要害怕质疑，特别是对重复出现的声音。当我告诉自己“可能是我的滤镜曲解了对方的意思”的时候，我突然收到了“信息”，听到了“声音”，它告诉我：那个人其实很喜欢你的作品，他只是在你搭话的时候被吓了一跳！他只是愣住了，一下不知道该怎么回应！

当时，我仿佛听到了内在指引、更高自我，或知晓一切的内在神秘在对我说话，当然，那并不是真的声音。所有对话仿佛是瞬间完成的——词句飞闪而过，然后我就全都明白了。这些信息不一定是声音，你得到的可能是印象、画面、感悟、耳边的轻响、触电般的感觉，或是难以描述的复杂感受。但不论形式如何，你总能明白它的意思，知道它想告诉你什么。

面对这些信息，“惊讶”根本不足以形容我的反应。“天啊，”我想，“你在开玩笑吗？怎么可能有人崇拜我！我不过是个被人欺负的'门垫'罢了！”这就是我脑海中的声音，或者更准确地说，是滤镜的声音。即使我正在接收正面信息，它们也一刻不愿消停。

你必须压制滤镜的声音，或至少质疑它们——哪怕只是一会儿，只有这样，你才能听到另一个声音。滤镜影响你的前提是你也认可它们，只有你认同它们的说法，负面滤镜才能控制你。但你不必接受那些声音，你有力量拒绝。当这些讨厌的声音在你的意识里蠢蠢欲动的时候，请勇敢地质疑它们，这一点非常重要。

如果紧抓着负面滤镜不放，你就听不到那个更高的“声音”或“信息”。滤镜和更高自我就像两个不同的广播电台，你必须告别滤镜，才能接入正确的频道，听到指引的声音。那个声音会告诉你你所不知道的，关于你的事情，你会非常惊讶，因为“它描述的你”和“你以为的你”是那么不同。你还应该知道，滤镜消失后的声音往往是积极的，它会鼓励你前进，给予你灵感，消除你的恐惧，让你更清楚地看到自己的神性。

后来，我带着新的感受和充盈的能量再次找到了那位讲者，果然，他不仅读过我的书，还一直关注我的其他作品，他真的是我的忠实粉丝！他说我第一次向他搭话的时候，他有些局促、害羞，因为他完全没想到我会坐在观众席里听他演讲，他说自己特别高兴终于能见到我，和我面对面交谈。我很高兴自己听从了内心的声音，并选择相信它，鼓起勇气再次找到那位讲者，否则，我就错过了认识这位启发了我的优秀人才的机会。所以，你也应该经常反思，认真倾听，因为丢掉滤镜，你将得到许多意想不到的机会，学会用前所未有的方式观察世界。

接收信号

要进一步强化与无限自我、内心指引的联系，我希望你首先关注自己的滤镜。

总有人问我："为什么你能感受到引导，别人却不能？为什么只有你是特殊的？"我的回答始终是：我并不特殊，我既没有特别之处，也不是天选之子。这些信息——或对我来说的声音——始终存在，但是否接收，要不要听到、看到或感受到它们则取决于我们自己。

想象一下，如果没有这些滤镜，你的生活会是什么模样。当你感到滤镜消失的时候，请仔细聆听那些声音——那些积极的想法、意见、看法和预感。如果你总是听不到、看不到、感觉不到，也接收不到任何信息，请多花些时间独处，在独处的时候多和自己说说话。我知道很多人说自言自语是发疯的先兆，但我可以很肯定地说，如果这是发疯的话，我宁愿发疯也不愿做所谓清醒的人。因为据我观察，这个世界上的人大都不太开心，但我的开心确是实实在在的——不是的、肤浅的盲目乐观，而是发自心底的快乐，即使遇到困难，我的内心依旧充满愉悦和安全感。我甚至不用去思考如何变得快乐，或表现得快乐、积极，因为我已经得到了真正的快乐。

那我们应该怎样和自己对话呢？你可以从一些问题开始，比如在睡前问问自己：我的滤镜是什么样的？滤镜，让我看看你！这时，你很可能发现滤镜就是你对自己的负面看法，也正是它们阻碍了你爱自己、爱他人。如果你已经知道了自己的滤镜是什么，你还可以这样问：我该怎么放下滤镜？无限自我，请帮帮我，教教我该怎么做吧！

问题的答案可能在深夜或清晨突然到访。你可以在床头放一个本子、一支笔，这样当答案出现的时候，你就可以马上将它记录下来。我建议你把问题和答案都写下来。

一开始，你感受到的信号可能非常微弱。你或许不敢相信，怀疑是否一切只是错觉。但更高自我的信息和“错觉”有本质区别，更高自我的信息总是让人如沐春风，用出乎你意料的智慧、见解、知识滋养你的灵魂，鼓励你勇敢爱自己。而旧观念总会伺机作祟，让你质疑那些积极的声音。比如，当你想要做出新的尝试，或是为新的挑战跃跃欲试的时候，你的更高自我可能会说“别害怕”；当你吃错东西感觉不舒服的时候，它可能会说——这也是我经常得到的信息——“多喝热水”。你的大脑可能会试图反抗，让你钻“为什么只有我得到了这些信息”或“这只不过是我的想象罢了”的牛角尖。但你应该倾听让你感到关怀、保护和爱的声音，而不是那些质疑正面信息，让你恐惧、难过，觉得没人爱你、没人关心你的声音。

这就是更高自我和我们自身的想法，或较低自我、实体自我的区别：较低自我或实体自我的声音大都来自恐惧、愤怒、受害者身份和我们在童年时期形成，在成长过程中不断增强的滤镜，而更高自我的声音则超越这些。它像慈爱的人亲切的话语，它的源头是无条件的爱。如果你能趁着恐惧和怀疑没来搅局的时候把注意力集中在让你开心、能滋养你灵魂的想法上，你就迈出了成功的第一步。

下一步，你要相信这些声音是真的，相信它们来自你的内在指引或更高自我（至少去试着相信）。这些新的想法会让你对自己、对人生有全新的感悟。很快，你会发现生活就像镜子，能把你心中的感受映成现实，这会让你更愿意接纳那些声音，愿意去主动倾听，虔诚相信。你越是信任更高自我，就越能感受它的指引，你们之间的交流会更清晰，信号也会更强。

更高自我时刻都在与我交流，告诉我下一步该做什么、拒绝什么、接受什么；它带领我发掘新的视频、书籍、演讲和讨论会的灵感，提醒我注意休息，平衡好自己与物质世界和非物质世界的联系。那感觉就像一连串的“灵光一现”。在我写下这些词句的时候，更高自我依然在指引我，我感觉自己就像信息的通道。事实上，我的确在发挥“通道”作用——将内在的信息向外传递，但我不愿这样称呼自己，因为这可能会让别人期待从我这里获得答案。我更希望他们能自己找到答案，因为他们和我一样，可以随时接收内心的指引，而且比起别人的“电台信号”，自己的“电台信号”一定更强。

还有其他方法可以区分更高自我、无限自我和滤镜的声音：更高自我的声音能缓解紧张情绪，为你补充电力，而滤镜的声音则会让你筋疲力尽；更高自我能释放无条件的爱，它永远不会让你故意伤害他人，而滤镜则会让你妄自菲薄，丧失信心。

当你进入遵从内在指引的轨道，你的生活也会变得顺利——一切仿佛都在自然发生，不用费任何力气，那感觉好极了。这也是我大部分时间的感受，但偶尔也会有一些事情打断我的“惯性”，扰乱我的频率，让我接收不到内心的指引。你可以将“扰乱频率”理解为“被拽回实体频道”，这会让人听不到内心的声音。对我来说，拽住我的往往是外界的批评，尤其是尖酸刻薄的讽刺还有针对我的网络暴力。对其他人来说，拉低“频率”的还可能是愧疚、恐惧、愤怒、批评以及对认可的渴望。

留心观察自己的感受，一旦感到频率失调，请马上找到问题的根源。我说的“频率变低”不是指我的频率比其他人高——完全没有这个意思，而是说更高自我的频率高于自身思想的频率。自身思想总会受外部世界影响，而外部世界的影响又主要来自周围环境，因此，“频率变低”也是说我们向周围环境低头认输了。

你可以试着用这些办法提高频率：如果你因为某件事沮丧、灰心，或说不上为什么，但就是情绪低落的话，你可以把注意力集中在“调子高一到两度”的想法、感受或场景上，看看你的感觉是否会好一些。从身边寻找快乐，学会感恩，愿意接纳，这些都能帮助你提高频率。你越是认真倾听内在神秘，感受它的想法和见解进入你的身心，那些声音就越能变成你的声音。你会与它产生共鸣。

你还可以通过想象自己的气场不断拓展来提高频率——这是我经常使用的方法。我想象自己的气场变得更大、更亮，直到我变成一个“光球”，明亮且充满力量。你也可以回忆人生中最幸福的时刻，试着唤醒当时的情绪。你还可以想想你爱的人，体会他们给你的感觉——他们可以是你的伴侣、孩子甚至宠物。这些办法都可以振奋你的情绪，提升你的频率。

如果你是一个总在讨好他人的共情者，而且周围再没有别人摘下滤镜的话，你可能会感到非常痛苦，因为你是滤镜大军中格格不入的一员；你可能感到很难融入社会，因为那是一个被滤镜笼罩的体系，蜕变的经历在那里似乎没有一点容身之地；你可能会被其他人“说服”，相信自己才是错误的、妄想的，因为只有你和大家不同，你会想：他们不可能都错了吧？这些想法会扰乱我们的频率，还会让身为共情者的我们疲惫、生病。我们想融入大环境，但内心的真相又在不停呼唤。我们心中时刻都有一个声音在提醒我们什么才是真的、我们究竟是谁。

在频率被扰乱的时候，我知道我内心的声音还在那里，只不过我的“指针”偏了，需要把它拨正回去。如果非要和批评我的人争个是非对错，我只会更加疲惫，因为那其实是把时间浪费在错误的频率上。所以我选择不回应、不表态，即便我还是会受伤，需要时间恢复，但我始终把焦点放在找回内心的声音上。

当我这样做的时候，那些批评的声音反而变成了动力——促使我提出新的问题，收获新的指引。于是，我开始把面对批评看作理解自己、提升频率的机会。例如，正是因为体会过被批评的痛苦，所以我才知道共情者要勇敢说出真实想法是多么不容易。实际上，这本书、这本书中的观点，以及这本书的书名《敏感就是我的超能力》，都来源于我在网络批评和暴力中遭受的痛苦。那份痛苦让我思考了很多问题：

· 不会只有我被批评伤害得这么深吧？

· 是不是所有敏感的人都害怕站出来分享他们的真实人生和特殊经历？

· 更重要的是，是不是所有敏感的人都因为不想成为批评的目标而抗拒领导岗位，回避公众目光？这是否就是鲜有领导者拥有共情或敏感特质的原因？

· 如果那些想为世界做贡献的共情者可以不那么害怕批评，世界会不会变得不同？随着越来越多的共情者进入公众视野，一个新的世界也在慢慢成形（在新的世界，我们不用再躲在恶霸和自恋狂的阴影里）。

想通了这些，我决定继续前进：和世界分享我的想法和感受，让世界知道人类存续离不开敏感和共情。如果没有体会过被批评的痛苦，我就不会有意识和动力为其他共情者和敏感的人探路，鼓励他们站到台前，成为领导者。

如果我没有听从更高自我，而是任由恐惧摆布的话，我不会到达今天的位置，取得现在的成绩；如果我接受了那些批评的话语，我一定早就不再分享自己的故事，不再帮助他人。我可能依然是个“门垫”，是个受害者。但我知道那条路曾把我引向癌症，我也不愿再重蹈覆辙。所以这一次，我选择听从内在自我的声音，拥抱爱、力量和勇气。

我想请你也丢掉滤镜，无畏地生活，开始属于你的蜕变，特别是当你的信念与其他人不同的时候。

冥想——调整频率

这个练习将打通你接收指引的渠道。慢慢地，那些声音和信息会自然地融入你，成为你。

“我安静坐着，准备接收内心的指引。

我听到它平静、细微的声音，那是人耳所不可闻的。

有时，它传来的不是声音，而是画面。

它用心灵感应的方式对我温柔述说，语句和画面在我心里快速闪现。

我打开身心，用所有感官迎接这些指引。

我让它们进入我的心灵。

我感到自己被保护着。

我感到自己被爱着。”

第八章

接纳富足，无须愧疚

诗文：“接受与付出一样重要。”

要探讨维持生活、追寻使命、表达真我，就绕不开金钱的话题。“金钱”二字似乎总能猛烈搅动我们的情绪，让人或兴奋，或恐惧。金钱也是一个十分敏感的话题，许多人都不愿提起。所以在进入这个话题之前，我想先说明两点：第一，我不是金融专家；第二，我必须谨慎发言，以免引起争议（关于这一点，我会在稍后做详细说明）。

但事实是物质世界的生活不可能离开金钱，如果完全避开金钱的话题，这本书的内容就不完整了。我从大量来信中得知，许多共情者的经济状况都不太好，甚至入不敷出，尤其是那些从事心灵服务工作的共情者。

共情者的矛盾在于：一方面，我们和宇宙高度和谐，因此也更容易吸引力量和金钱。我们善于挖掘内在智慧，倾听内心的声音，与世间万物有着天然的联系。但另一方面，我们总是躲避权力，羞于开口索取应得的报酬，这一点在相信“恋财是万恶之源”和“付出比接受更高尚”的共情者身上体现得尤为明显。

在这一章中，我们将讨论如何克服让众多共情者贫困、匮乏的常见问题和错误信念。

共情者——社会里的隐形人

让我们把视野放大，看看超越个人灵性和宗教信仰的物质现实。除非你隐世独居，否则你一定已经发现人类文化的方方面面都和金钱有着千丝万缕的联系，它们深深纠缠在一起，如果要彻底割裂，一定会造成巨大的损伤。生活中的一切似乎都离不开钱，不论是食物、住处等基本必需品，还是创作的自由，无一例外。简而言之，没有钱，就不可能在现代社会生存下去。

但生活在发达国家的我们似乎过分依赖金钱，甚至到了崇拜金钱、崇拜巨富的地步（那些控制能源供给、医疗、食品、药品和其他关键生活物资的人）。我们屈服于他们的力量，让他们得以控制领导者和媒体，再通过领导者和媒体控制我们。导致这一现状的原因或许是我们总用财富的多少衡量一个人的价值，把金钱看作成功的唯一标识。事实上，“成功”俨然已经成为“财富”的同义词。这种现象可能一直存在，但互联网的普及将它无限放大，摆在了每个人面前。

我们日复一日地奔忙，直到精疲力竭，只为了从购买和拥有更多的商品中获得（暂时的）满足感，但很快，更新、更快、更炫的产品又会出现。尽管大部分人已经拥有了多于他们真正需要的东西，但广告商还是能够利用我们的恐惧和不安全感，让我们相信如果不买下最新款的车、最新推出的名牌包，不能到巴哈马群岛最新开业的高档酒店度假，我们就比不上别人，我们的生活就是有缺憾的，而这一切不过是为了让我们不停消费，把我们送上一台永不停歇的物质欲望跑步机，向着触摸不到的终点不停奔跑。

结果，许多人把挣钱当成了生活的第一目标，甚至高于健康、人际关系、道德和精神价值。但是，这也是令人欣慰的一点，千禧一代的看法似乎有了转变，至少在职业方面，他们比起薪资更看重职业发展、工作意义、工作与生活的平衡和企业文化[21]。现在，全球总人口已经超过 76 亿，贫富不均也上升到了前所未有的水平[22]，这让我们不禁想：世界上的财富不够所有人分享，所以我们必须和其他人竞争，尽可能多地赚钱，否则其他人就会把财富抢光。这样的想法让许多人不惜用不道德，甚至不合法的手段谋取利益。不仅如此，许多企业也把贪婪当作动力（把为股东盈利作为第一要务），它们不愿为社会做任何贡献，甚至不惜损害社会，损害地球。

有的人看重金钱更甚于时间，有的人为了谋生不得不加班加点，不论是哪一种情况，他们花费的时间都没能让生活真正充实起来。

这里，我想和你分享一个例子。我曾受邀参加一档电台节目，一位女士打来电话，我才刚说“您好”，她就连珠炮似的发问：“我讨厌现在的工作，它让我身心俱疲，我每天都不想上班。我不知道该怎么办！你说我该怎么办？”

我请她更爱自己，更重视自己：“你可以考虑减少工作时长，甚至辞掉工作，换一个虽然收入较低，但你真正喜欢的职业。”我能感觉到她处在情绪崩溃的边缘。“哪怕只是临时的——”

“不行，”她说：“我不能！如果辞掉这份工作，我的保险就没了，我就没钱还房贷、付账单、买吃的了。辞职我就活不下去了。”

我想告诉她，强迫自己做不喜欢的工作会损耗她的生命力能量，这也可能会让她活不下去。

“行吧，谢谢。”她回答，尽管我知道她完全没有感谢的意思，然后她就挂断了电话。她听不进去我想说的。她很害怕，她正处在求生模式。

研究表明，当我们处在求生模式——就像这位女士一样，我们的执行能力会明显降低，腾不出精力去寻找新的解决办法。这时，关注自我、深呼吸、与意识之网相连将帮助我们平复思绪，让我们换一个角度看问题，激发我们的创造力。当我们平静下来，打开自己，意想不到的机会就会降临。许多人告诉我这些方法给他们带来了意料之外的工作机会和财富，把他们的爱好变成了新的收入来源。

灵性与富足

也许正是共情者与金钱的失衡关系让很多灵性或宗教组织、导师坚称“恋财是万恶之源”，金钱是获得精神解脱的大敌。宗教典籍中也充满了有关财富的警示，警告我们金钱会侵蚀灵魂。在这些圈子里，金钱是非灵性的、肮脏的，甚至会损耗人的灵性。所以积累财富是一个极少被讨论的话题，通过灵性工作获取财富更是大忌。他们认为所有灵性教导和灵性治疗都应该是免费的，或至多接受供养，只有这样，这些服务才是纯洁的，才不会被恶臭的金钱玷污。而那些以收费方式提供治疗、服务或灵性指导的人则被批评是有悖灵性的、贪婪的，是不值得相信、另有企图的。

表面上看，将金钱拒于灵性组织之外似乎是抵制“金钱狂热”的健康之举，但如果走了极端，这样的做法就只会让拥有金钱的人多掌握一种控制我们的手段。共情者生来就能感受生命的深层奥秘，所以我们是天生的灵性导师、治疗师、动物救治者、环保主义者、教育家、和平活动家、创意艺术家，适合从事所有与心灵有关的工作。我们渴望发挥自己的天赋为他人带去幸福，而在帮助他人的同时，我们自己也能收获幸福。对共情者来说，不能使用天赋就像无法呼吸一样难受。

所以，如果共情者相信了通过灵性、心灵相关工作获取财富是不对的，会有悖灵性的话，这些为灵性工作而生的人难免发出挣扎的呐喊：“我想为他人服务，我想做我爱的事情，但我又不得不挣钱生活！”

换言之，我们的社会形成了这样一种习惯：无限纵容那些极度贪婪、富有的企业（甚至对它们使用血汗工厂*的事实也视而不见），却无法容忍灵修导师和治疗师用付出真心的工作换取报酬，甚至指责他们有悖灵性。

但这种想法只会让共情者成为剥削的对象，如果治疗师和心灵工作者都过着贫苦的生活，又找不到既符合他们的敏感天性，又能

* “血汗工厂”(sweatshop) 一词最早于 1867 年出现于美国，最初指美国制衣厂商实行的“给料收活在家加工”之制，后来又指由包工头自行找人干活的包工制。一般来说，血汗工厂大都存在于廉价劳动力工厂，工厂不会为员工购买“五险一金”，整个工厂没有娱乐设施，没有企业文化，有的只是严厉苛刻的管理制度。——译者注

带来合理收入的工作，他们就只能任凭企业摆布，疲于奔命，接受一份和他们灵魂的目标完全不符的工作，并在几年后耗尽全部精力。许多千禧一代为了偿还助学贷款，不得不同时打两到三份工，这实在不是成年生活的理想开端。

在我患癌、经历濒死后不久，我知道自己必须思考接下来的人生要怎样度过。那时我还住在香港，在生病的四年里，我一直没有工作，我也完全不想再回到以前的职场。丹尼为了照顾我，也放弃了工作——我们都以为我熬不过去了。我的遭遇深深影响了我们两个人，也彻底改变了我们生活中的“头等大事”。

虽然没了工作，但我们还有远比金钱重要的东西。我恢复了健康，我和丹尼都很感激这次“重生”。我知道自己很安全，被照顾着，不必为任何事情担心，即便我们从未像当时那样拮据，几乎到了入不敷出的地步。但我坚信自己的回归是有理由的！“你在那边还有尚待发掘的天赋。”我记得父亲这样对我说。我知道一定有什么在等着我。

我开始在网络论坛分享自己的经历，讲述我从濒死体验中领悟到的一切。然后我突然意识到，或许我该做的就是分享自己的经历，把我学到的教给别人。这个想法让我兴奋不已，我愿意相信自己的使命就是分享感悟。

我找到了当地的一家替代治疗中心，向他们预定了一个房间，

准备在几个月后举办一场小型教学活动。然后我就开始精心准备，想把自己的所见所闻全都分享给到场的人，让他们知道他们也拥有六感，告诉他们该怎样建立和内在自我的联系。我还想教会他们怎样提升整体能量，如果当天有人身体抱恙，我还可以指导大家把整体和个人的治愈能量都聚集在他 / 她的身上。

我还为那次活动做了传单，通过电子邮件发给了朋友和熟人，请他们替我分享给更多的人。那时是 2008 年，社交媒体还不像现在这样发达。我特别期待那次活动，觉得自己很可能找到了人生的意义，至少迈出了找到人生意义的第一步。分享自己的感悟，这让我感觉好极了！直到一封来自布兰达（Brenda）女士的"善意"邮件把我的美梦击得粉碎。

在我看来，布兰达的邮件充满了猛烈抨击，尽管她说自己"满怀善意"，说的一切都是为了我好。她说我不该让脆弱的人付费参加活动，指责我是在剥削他们。"你怎么能安心呢？"她质问道，"你怎么能用这些服务收费？你的濒死体验和从中领悟到的一切都是天赐的礼物。你是在利用绝望的人，特别是那些身患癌症的人，你竟然让他们付费！你应该感到羞耻！"

这就是用天赋服务他人的共情者每天都要面对的情况，也是我们难以获得应有报酬的原因。她的话在我的脑海中盘旋，我的耳朵像烧着了一样发烫。我的心怦怦地跳，她的每一句话都刺痛了我。

我美好的期待破碎了，我就像一只泄了气的皮球。我根本不想剥削脆弱的人，我也绝不会那样做。其实，我已经在网上做了许多免费分享，但我实在无力承担那场小型活动的费用。场地费实在太高了，最后，我决定取消那次活动。

当时，我并不知道一个讽刺的事实：其实布兰达是一位成功的企业法律顾问，她很富有，住在豪华的房子里，她的咨询费更是高达每小时数百美元。她也在利用神赐的天赋工作。（而那时，丹尼和我的生活非常困难，只能勉强租住在香港远郊一个贫困乡村的小房子里）我对她的职业和财富没有意见，但我不喜欢她对我的批评。因为她根本不了解我，甚至不认识我！

我不想趁机敛财，我只想帮助人们消除恐惧，引导他们用新的方式看待身体和疾病，让他们用超越疾病的眼光看待自己。这个新的视角能让他们更爱自己，对生活更有激情，并因此更能集中精力康复，而不是只想着怎么消除疾病。我想让生病的人找到力量、看到希望，同时，我也绝不会误导他们拒绝治疗。

即便我的经历是神或宇宙的礼物，但我想做的不过是将它分享给更多的人，同时维持自己在这个世界的生活。其他的工作和服务都能收取报酬，为什么我们付出真心的分享就不能得到回报呢？我很肯定自己学到的东西能帮助他人，因为我在网上帮助过的许多人都这样说。但现在，我很害怕与人分享自己从濒死体验中得到的感悟，因为我担心他们会像布兰达一样看我，特别是如果我能从中获得足以维持生计的收入的话。

这个问题困扰着许许多多的共情者。他们或是不敢对提供的服务收费，或是曾因为收费、提价而遭受批评。我们可以想想教师这个群体。他们的收入一直很低，却还是坚持为学生倾尽全力。但每当他们提出涨薪的诉求，甚至罢工的时候，人们总是斥责他们没有尽到教导学生的义务。教师也需要生活，这是他们谋生的方式。如果他们的需求得不到满足，他们也就不可能再为学生奉献什么了。同理，你也必须先满足自己的需求，你的光芒才不会暗淡下来，你才可能用自己的光芒照亮他人。

换个角度看问题

为了不让人觉得我是在剥削弱势群体，我找了一份企业咨询的兼职工作来维持生活，让我可以把真正想做的、发自灵魂的事业继续下去。不上班的时候，我就尽情地做我喜欢的事——与人分享我学到的东西，摸索着怎样学以致用。我坚持在网络论坛记录自己的经历，分享我从那段经历以及后来的生活中收获的感悟，和在论坛上遇到的来自世界各地的人通过 Skype* 交谈。我很享受这些事，以至于不断削减兼职的工作量，好腾出更多时间用来组织在线治疗、冥想和其他能量活动，帮助人们提升生命力能量，让生病的人找到希望和力量。所有活动都是免费的——我真心享受这些工作，但因为我的咨询工作减少了，我的收入也越来越少。

那时，丹尼正试着创业，我们两人的收入甚至不足以维持生计，但我选择忽视这个问题，心想如果不去管它，它或许会自动消失。我一直对自己说：我一定是因为特殊的理由才回到这个世界，我是被关爱着的。

但每到面对账单的时候，金钱的压力就汹涌袭来。我眼看着我们的积蓄越来越少，知道不能再这样下去了，但我也不知道该做些什么。我很痛苦，因为我相信自己一定不是为了再次成为企业机器的齿轮，或是挣生活费而回到这个世界的。在我看来，把挣钱当作唯一目标的工作毫无意义。

更糟的是，我开始感到非常疲惫。由于我提供的咨询都是免费的，因此想要与我交流、希望得到帮助的人蜂拥而至，远远超过了我的能力范围。我没有时间休息，更没有时间留给自己，休息会让我愧疚，因为还有生病的人想和我交流，想问我他们该怎样治疗。我感觉累极了，恐惧也重新回到我的心里。我又感觉到了那些曾让我患癌的

* Skype 是一款即时通信软件，具备视频聊天、传送文件、文字聊天等功能。——译者注

情绪：害怕自己无法帮助所有人，愧疚我拥有健康，而其他人却在生病。

我该怎么办？我想：我是不是该回到职场，因为那里不会有人反对挣钱？或者说在那样的环境，挣得越多，反而越受尊敬。可经历了死亡又再次回到没有灵魂的企业，那绝不是我想要的，我觉得那没有意义，但我也不知道该怎么办。

这样的情况又持续了两年，直到有一天，答案突然出现了。香港国际指导联合会（Hong Kong International Coaching Community）邀请我参加了一场宴会，他们还邀请了兰尼·拉维奇（Lenny Ravich）在活动现场演讲。这位演说家在活动前听说了我的濒死经历，表示很感兴趣。宴会上，我坐在他的旁边，和他分享了我的故事，最后我说："父亲让我回来，勇敢过我自己的生活，然后我就从昏迷中醒了过来，身体逐渐恢复健康，就是这样！"

兰尼笑着听我说完，然后问道："那你做到了吗？"

我很诧异："做到什么？"

"勇敢过你自己的生活？"

"嗯……也许吧。"

"也许是什么意思？"他问，"是有，还是没有？"

我回答说大部分时间做到了，但过去一段时间，金钱导致的恐惧情绪又回到了我的生活中。

“你几乎死而复生了！”他说：“你得了癌症，但你痊愈了。你怎么还会害怕其他事情，更别说是没有钱？”

我把布兰达的信，还有通过从事自己热爱的工作挣钱的疑虑告诉了他，我说我不想让任何人觉得我是在压榨脆弱或生病的人。

兰尼吃惊地看着我：“你能回来是有原因的，你的父亲已经告诉你要勇敢生活！你怎么能因为那位女士的话，就退回恐惧的循环里呢？她是你好不容易在癌症痊愈后摆脱的旧环境的一部分。为什么你要把自己封闭起来，在遵从内心的同时，拒绝宇宙的奖赏，不管那奖赏是什么形式的。”说到这里，兰尼非常激动，他的话也深深震撼了我。

“你的父亲要你勇敢生活，”他重复道：“他说你会痊愈，你就真的痊愈了！那你为什么不相信他呢？为什么你要让他失望，不像他希望的那样勇敢生活呢？”

他说得对。我没有听从内心，没有勇敢生活，我让父亲失望了。而且更重要的是，我让自己失望了。我为什么要怀疑父亲？想到这里，我真想给兰尼一个大大的拥抱。而事实上，如果我没有记错的话，我也真的这么做了！

兰尼说话的时候，我感觉仿佛我的父亲正通过他与我对话，而兰尼本人毫无察觉。那次对话后，我心底的一些东西发生了彻底的转变，我对自己和金钱的关系有了全新的认知。

我知道了如果我相信“通过心灵工作获取报酬有悖灵性”的说法，那我就不得不为了生计而从事其他工作。“金钱有损灵性”的想法也只会逼迫我为了支付账单而违背使命*，接受和灵性毫无关系甚至没有意义的工作。

是时候改变了！

在我意识到金钱有损灵性的想法对我造成了多大影响之后，我成功挣脱了它的束缚。作为共情者，我知道自己不论挣多少钱，都不可能停止帮助他人。大部分共情者都是这样，包括正在阅读本书的你。你不必担心自己会跌入贪婪的陷阱，因为帮助他人对共情者来说就像呼吸一样必要、自然。任何事情都改变不了这一点，这是你与生俱来的特质。

于是我向自己承诺，从此以后只做符合内心的工作。我知道了遵从目标，做能提升自己能量的事是多么重要，因为我只有在能量充沛的时候才能最好地帮助他人。这就是我最该做的事，既是为了我自己，也是为了其他人——从事我真正渴望、热爱的工作。为了

* 原文为 Dharma，印度教中一个含义多变的术语，可指一个人应尽的义务与责任。——译者注

长久地坚持下去，我还必须允许足够的金钱进入我的生活。这一想法上的转变让我的生活发生了巨大变化，我接受了在朋友的治疗中心举办一个有偿讲座的邀请（她已经邀请我很多次了）。就在之后的不久，韦恩·戴尔在网上看到了我的故事，并让他的出版商找到了我，之后的事你已经都知道了！

当我明白了他人的批评源于“金钱有损灵性”的想法，并不再为此害怕的时候，我感到全世界都在支持我。我坚信我们越是相信自己，知道自己的价值，就会有越多的财富流向我们，让我们得以为他人、为自己、为地球做出更多贡献。

愧疚是许多共情者在面对财富时绕不开的问题。他们会因为自己挣到了钱，而其他人还很拮据，从而感到愧疚；因为给自己花了钱，而世界上还有人在挨饿受冻从而感到愧疚。没错，这就是共情者善于付出，却很难接受的原因。

在一次脸书直播中，我在谈到愧疚和金钱的时候分享了一位财务情况很不乐观的共情者的留言。她有一条评论是这样说的：“我的发薪日就是流浪汉的开荤日。”换句话说，她一挣到钱，就会把钱送给比她更穷的人，然后再次回到身无分文的状态。她的行为很高尚，但她根本不必把自己的生活过得如此紧张。如果她能把一些钱花在自己身上，情况会完全不同，因为我们越是爱自己，相信自己的价值，就越能吸引财富，也就有更多的资源可以分享给其他人。请记住，财富不是有限的。我们能得到什么取决于我们是否愿意接纳，是否觉得自己是有价值的。

我最近在英国接受了《真实伦敦》（*London Real*）的布莱恩·罗斯（Brian Rose）的采访，我们谈到了共情者，以及他们想通过自己的付出赚钱是多么困难。他和我分享了一位参加了他商业指导课程的学生的故事。“那位学生的共情能力很强，他总觉得自己不该收钱，所以总是在非营利组织里免费提供服务，结果他连维持基本生活的钱都没有了，”布莱恩说，“后来，这还毁了他的婚姻。当他（第一次）出现在我课堂上的时候，我对他说‘不，钱不是坏事，钱能让你帮助更多的人’。于是他改变了（想法），生活也变得完全不同，他收获了工作上的成功。这是因为他学会了先好好爱自己。”

我想这位学生的经历能引起很多读者的共鸣，那么你也应该记住他学会的重要一课：当你为自己的服务收取应得的报酬，你会吸引那些愿意为此买单的人，也会遇到与你志同道合的人。

从厌恶到接纳

许多人没有意识到的是，那些掌控金钱的公司和想要付出一切，而且不愿收费的共情者是同一枚硬币的两面，而这枚硬币就是资源不足的观念。或许不断牺牲自我，在生活中挣扎的共情者会评判贪婪的企业，但他们其实和那些企业一样，都相信资源是有限的。

如果对金钱的追求损耗了你的健康、时间、人际关系，甚至生命，那么你就沦为了金钱的奴隶。你得到的金钱也是在损耗你的生活，而不是改善它。你能做的对自己、对他人最好的事就是允许自己相信金钱能发挥正面作用，让自己成为一个财富流通的渠道，接纳财富，并帮助他人。

就像那位在我的脸书直播中留言的女士所说的："我的发薪日就是流浪汉的开荤日"，如果你能赚到更多的钱，就有更多的人能吃上一顿好饭，你也能照顾好自己！

那么该怎么让金钱流向自己呢？

1. 知道自己是共情者，知道自己有过度奉献、拒绝接受、容易愧疚的倾向，比如会因为从事与天赋相符、和灵魂目标一致的工作并获得报酬而感到愧疚。

2. 明确人生目标。你可以问问自己：我是谁？什么事能让我快乐？我总会不由自主地做些什么？什么事能让我焕发活力？什么事能给我能量？我总在免费做哪些事情？什么事是我愿意每天都做，而且乐此不疲的？

3. 打开接受的渠道。认可自身价值，知道追求目标的自己理应得到回报。爱自己，允许自己接受；爱全部的自己，不只是肉体，还有思想、灵魂，和所有看不见的部分。

你要明白地球上的金钱或财富资源是无限的。这不仅是古代先贤的看法，也是斯蒂芬·科维（Stephen Covey）、韦恩·戴尔博士（Dr. Wayne Dyer）、埃斯特·希克斯（Esther Hicks）、亚伯拉罕（Abraham）、迪巴克·乔布拉（Deepak Chopra）、布琳·布朗（Brené Brown）、朗达·拜恩（Rhonda Bryne）[《秘密》（*The Secret*）的作者]等当代学者的共识。我很喜欢这句古老的苏非派*谚语："若谁想收获富足，他只需接纳现有的一切。"换句话说，感恩可以是接纳富足的一种方式。而另一种方式就是我已经介绍过的——卸下内心的枷锁。正如韦恩·戴尔博士所说："观察事物的方式改变了，被观察的事物也会改变。如果你眼中的世界是富足、友好的，那事实就可能真的如此。"[23]

* 苏非派（Sufi）为伊斯兰教的一派，奉行苦行禁欲，追求精神提升。——译者注

记住这一点，然后丢掉“必须努力挣钱”“天上不会掉馅饼”和“灵性工作不该收费”的想法。这个世界需要你，你的天赋能帮助很多人。我想把自己经常使用的一个方法推荐给你：闭上眼睛，想象自己把所有负面想法（那些束缚你、让你迈不开步子的想法）放进一个背包里。从前，你一直背着这个背包，但现在你将它解了下来，交给了你的灵魂向导——他可以是佛、耶稣、守护天使、大天使，或是得道的大师，想象他对你说：“把背包给我吧，你不用再背着它了。现在，这个背包属于我，你的肩上再没有负担了。你是自由的，去追随心之所向吧，你自由了。”这是我每天早上的固定动作——把身上的包袱交出去。

4. 明白共情是一种天赋，把自己想象成财富之河中的水渠，而不是大坝。问问自己：你想把钱花在哪里？你想怎样照顾自己，保持能量充沛？你想怎样帮助别人？如果有了钱，你想为世界做些什么？不要害怕想象，别让对贫穷的恐惧限制了你的梦想。

5. 下面这一步比较困难：做到了前面四点以后，你需要把焦点从金钱转移到目标上来。把你的目标当作人生的优先事项，专注于你的使命、你为自己和世界而设的梦想，努力提升能量。如果你还没有明确的目标，你可以先努力提升自己的生命力能量，多做些让自己快乐的事，学会接受。

6. 当财富到来的时候，欣然接受它！不要被愧疚绑架，因为穷困潦倒的你帮不了任何人。保持渠道畅通的最好方式就是学会感恩，坦然接受自然到来的财富。

7. 如果你总是把所有钱都用来帮助别人，或是忙于照顾所爱的人而忽视了自己，那么你应该改掉这个习惯，好好爱自己，照顾自己的感受。为自己花些钱（哪怕只是一点点），不要愧疚，因为这会强化你对自我价值的认可，让你明白你值得这些钱，而且还会得到更多财富。

8. 当你的事业逐渐步入正轨，请热爱它，因为这份事业也爱着你。许多从事心灵工作的人反感金钱和商业，认为这有违他们真正的目标，或是觉得经营是一桩苦差，是不得不做的、毫无乐趣的事。过去我也曾这样想，但当我改变了这种看法，我的事业取得了很大成功！

这个转变发生在我意识到我的事业正“照顾着”我的时候——是它给了我必要的资源，让我得以养活自己，照顾家庭，支撑团队，把为世界而做的事业继续下去。看到了我的事业正照顾我、爱护我，我也对工作有了更大的敬意，不再把它当作辛苦的麻烦事。自那以后，我开始感恩事业上的每一点进步，享受和团队、会计师一起的每一次会议，期待发现新的事业发展机会，渴望为世界和他人带去更大的影响。这感觉好极了！

我鼓励你试试这些方法，因为它们真的有用！不要回避金钱的话题，试着用平常心看待它——它只是一个工具，但它能让你在追求梦想的时候照顾好自己和所爱的人。你越相信这一点，你连接宇宙财富资源的通道就越畅通。

把稳定的收入看作事业和生活步入正轨、一切顺利的表现，你会轻松很多。如果现在你的经济状况不好，并不是你选错了道路，而是时候未到。如果你喜欢现在的事业，那么请坚持下去吧！

发挥你的力量

截至目前，这一章的写作给了我最大挑战。但我认为这是必须讨论的话题，因为如果没有正确的观念，我们很可能变成金钱的奴隶。在我看来，钱是一种工具、一种能量，能让我们在追求灵魂目标的同时，照顾好自己和同事。对我来说，它能支撑我服务世界，同时保障自己和团队的生活。

我相信也希望看到越来越多的共情者收获他们应得的财富，成为职场和社会的领导者，这会改善贫富不均的问题，改变人们对金钱的看法。在我看来，共情者和敏感的人才最有可能带领我们改善社会的不平等现象，因此，我们必须深入挖掘，勇敢把握自己的力量。

那么具体该怎么做呢？首先，你需要深刻领会这本书中的概念，强化你的内在力量和感知能力。然后大胆发声，说出你的想法和见解——理智、自信、自爱地表达自己。接着，你要有意识地行动起来，走上前去，带领队伍前进——握紧你的力量，不要放弃它。

在工作上，不论你是自己经营，还是团队一员，你应该掌握力量、表达自我的方式都一样——这一点不受职位影响，带着爱分享你的意见，说出你的想法。如果你的内心充满力量，愿意相信自己对人、对事的直觉，你会惊讶地发现这些改变能带给你多少自由。虽然这无法保证你的意见总会得到认可，你的办法总能被人接受，但你会找到内心的自由和表达的勇气，这对你的成长至关重要。记住，如果某份工作或某个客户让你感到窒息，你大可以告别他们，带着爱，目送他们离开你的生活。

我们必须停止等待他人认可或“批准”我们的行动。我们要看到自己的价值，知道被自己“批准”就已经足够。我相信这是转变的关键。我希望共情者都收获更大的成功，我想看到更多的共情者绽放光芒，把世界变成更加包容的美好家园，而不是像现在这样，任由财富掌握在极少数人手里。共情者必须相信自己，握紧自己的力量。我想对所有的共情者说：勇敢地向前迈出一步吧！

前进并掌握力量的关键一步就是弄清自己是否摆错了钱的位置——把它放在了远比它重要的事情之前。比如人际关系、时间、我们居住的地球、我们呼吸的空气……这些都是人们为了金钱而正在牺牲的东西。我相信如果把金钱和这些东西的位置对调一下，我们的生活会富足得多。试想一下，那样的世界会多么不同。

当你发掘力量，放手一搏，努力成长的时候，挑战也随之而来——或许会有人想利用你，批评你对金钱的观点，抨击你收费“过高”，但你必须坚持下去，继续发掘、向前。我珍惜自己所有的经历，因为我发现越是向目标前进，我就越有力量帮助他人，因为这正是我想做的，所以我非常开心。也许你的使命是烹饪、教学、写作、表演或通过治愈术帮助他人。当你拥有力量，你不仅能接触到更多的人，也将收获足够与他人分享的财富。

如果我们能做些改变，拒绝向金钱屈服，把保证健康和生命力能量作为生活的第一要务，把生命力能量的多少作为衡量成功的第一标准，我们的生活质量会不会有所不同？

如果金钱不再能控制我们，我们的生活和整个世界都会发生巨大改变，包括其中的“优先事项”。对我来说，转变的起点就是改变“成功”的衡量标准，抛弃“资源不足、必须争抢”的观念。这要求我们感恩现有的一切，认可自己的能力和对社会的贡献，自由、快乐地表达自己。看到所有人之间的联系，并用心感受它，这会让我们的内心顺畅起来。

冥想——拥抱富足

重复下面的语句，打开慷慨付出与勇敢接受的双向通道。

“我拥有丰富的资源，
也包括充足的财富。
我想与世界分享我的天赋，
我愿意接受应得的报酬，
我知道自己值得这份富足。
我愿成为一个通道，
让富足通过我顺畅流动，
既满足我，也惠及我接触的每一个人。”

第九章

勇敢说“不”

祷文：“我爱自己，所以我勇敢说‘不’。”

神性是每个人与生俱来的部分，接纳神性，即尊重这一部分的自己，但这或许并不容易。如果你在很多方面和我类似，那你也很可能和我一样——难以拒绝，即使是对完全不想做的事情。并不是所有共情者都无法拒绝他人，但这是共情者的普遍问题，因为我们总能感受到他人的情绪，也总把他人的情绪和需求摆在优先位置。虽然共情者乐于助人的品质是好的，但你必须问问自己：帮助他人是提升了你的生命力能量，还是损耗了它？换言之，你的“好”是发自内心的应允，还是觉得自己有某种义务，应该这样回答？

共情者似乎认为牺牲自己，违心说“好”是一种奉献。但不拒绝的结果只有两个：没有说“不”，却另找很多无法办到的理由；违背意愿做根本不想做的事。前者是不诚实的行为，后者则会损耗我们，让我们心力交瘁、不堪重负，甚至生病。而我们的状态又会影响我们身边的人，尤其是那些深爱我们的人。我们越是敏感，就越可能因为他人的失望而感到羞愧、内疚、不安。所以我们讨好他人的原因就像之前提到的那样，是双重的：想为他人减轻负担，因为我们能感受到他们的感受；不想让他人失望，因为我们无法承受那愧疚感。

为了根本不在意我们的人长期压抑自己，我们的心里只会积累越来越多的怨恨和怒气。哈佛大学陈曾熙公共卫生学院和罗彻斯特大学在2013年发布了一份研究报告，报告指出情绪上的压抑会使人的早逝概率提高30%，患癌风险提高70%[24]。那么，共情者应该怎样处理亲密关系呢？与我们交往的人又会面对哪些难题？亲密关系对身为共情者的我们和我们的伴侣来说都不容易，因为共情者需要大量的独处时间、充足的个人空间和足够安静的环境。我们可能会下意识地讨好、妥协、屈从于伴侣，结果却破坏了两人的关系。我们愿意奉献，善于理解，能敏锐地察觉他人的需求并给予支持，但有时又过犹不及。

如果我们的伴侣不理解共情者，不尊重我们的需求，我们可能会迷失自己，或是为了维持关系牺牲自己的需求，但这会导致更大的问题。如果伴侣的需求和我们完全不同——他们可能希望一天二十四小时都和我们待在一起，热爱社交，无法忍受安静的环境，想一直有人说话，那么关系中的双方都会非常难受。但如果能看到并尊重这些差异，共情者就能和伴侣朝着健康、和谐的中点迈进一步。

在亲密关系中，我们必须远离只考虑自己的人。但自恋狂总是特别吸引我们，因为我们能看到他们面具下的真实模样，想要给他们爱与支持；而无条件的爱与关怀也正是他们所渴望的。可一旦我们惹恼了他们——提出不同意见，指出他们的问题，或做了任何触及他们脆弱却膨胀的自我的事，我们就有可能因为太想回避争吵、留住对方而完全迷失自己。

当两个共情者走到一起，他们或许会成为真正的灵魂伴侣，因为他们心与心的联系、相互间的理解、情感上的领悟都更紧密、更深刻。但这也有不好的一面，比如他们情绪上和身体上的压力会相互影响；因为两人都能感知对方的真实想法，所以这段关系将容不下一点秘密。

人际关系是一种灵性联系，离不开人与人之间的爱和理解。因此，共情者和他们的朋友都应该说出自己的需求和喜好，找到折衷的方式照顾彼此的感受。要建立牢固而长久的关系，沟通、爱与尊重是其中的关键。

愧疚的羁绊

愧疚是我们屈从于他人的首要原因。对共情者来说，愧疚无处不在，让我们难以说“不”。以我自己为例，我无法拒绝他人的最大原因就是我不愿承受因为让他人失望而产生的愧疚情绪。我永远在权衡哪种情况更坏：做自己不想做的事，还是承受拒绝带来的愧疚感。在我二十出头，还是单身的时候，我有一个朋友，名叫塔尼莎（Tanisha）。塔尼莎是一位单身母亲，每天都在工作和两个学龄孩子间奔波，她想寻找新的爱情，却被工作和照顾孩子占去了所有时间。我怜悯她，而且是深深的怜悯。在我心里，我把自己摆进了她的处境——这也是共情者的自然反应，感受到了她的生活是多么不容易。我不喜欢那种感觉，于是我把帮助她当作一项重要任务，我需要她感觉好一些。我经常帮她照顾孩子，好让她有时间外出，在其他方面也尽可能地给予她帮助。

时间慢慢过去，塔尼莎的情况并没有好转，不仅如此，她已经完全习惯了我的帮助。我感到自己的付出被看作了理所当然的事，我仿佛成了塔尼沙解决问题的工具。那时我年轻、单身，我有自己的想法和需求，但我发现塔尼莎总会为了满足她的需求而牺牲我的需求。我不责怪她，因为这是共情者经常陷入的境地：我们总会吸引渴望得到帮助的人，让他们习惯于我们的付出，不想再靠自己做任何改变。

我们总是告诉自己：朋友之间本该如此，即使在内心深处，我们知道自己不会对别人提出这样的要求，因为接受对我们来说是件困难的事。而问题在于这样的情况拖得越久，我们就越难从中抽身，让本可以早些避免或解决的问题出现更加严重的后果。我和塔尼莎就是这样。怨恨在我心中不断累积，直到有一天，我和她因为微不足道的小事大吵了一架。后来，我先向她道了歉，因为我知道自己的怒火对那次争执的焦点来说实在是小题大做了。但真正的问题还是没有解决，我对塔尼莎的怨恨和怒气更让我感到愧疚。我开始因为这些感受而批评自己，责怪自己，认为自己是个糟糕的朋友。于是我开始加倍努力做一个“好朋友”，结果却更加感觉塔尼莎占用了我的时间和精力，也更加怨恨她了。怨恨——爆发——愧疚——加倍弥补的循环在我的生活中反复出现，许多共情者也都对这样的“双输”经历并不陌生。用这样的方式生活、耗费能量实在太不聪明了！

当我遇到丈夫丹尼并与他相恋，我和塔尼莎的冲突也达到了顶峰。那时，我和丹尼经常约会，花很多时间和彼此相处，但我发现塔尼莎并没有为我感到高兴。我很惊讶，我以为她会因为我遇到了能让我开心的人而开心，但实际情况却是她怨恨丹尼，因为我不再像以前那样把时间都用来帮助她。我努力安抚她，但我总感到她在逼迫我在她和丹尼之间做选择，而不是用健康的方式解决问题——欢迎丹尼进入我的生活。

当然，我选择了丹尼。我结束了和塔尼莎的友谊，但痛苦、悲伤和愧疚也填满了我的心。直到后来我才真正明白其中很多事。一段时间后，塔尼莎重新找到我，甚至向我道歉，但这不过是因为她发现我不会再回头，而且离开她也生活得非常愉快。

回顾我和塔尼莎的“错位”友谊，还有我人生中其他的类似经历，我发现不对抗、不遗余力回避一切冲突的做法只会导致更多冲突。我们回避冲突是因为我们害怕冲突带来的损耗，但如果我们能勇敢并柔和地捍卫自己，就会发现解决问题其实没那么难——还会通过照顾自己懂得自爱。如果我能早些听从内心、说出真实想法，当下或许会经历痛苦，但一定能免去后来的许多麻烦。

拒绝不健康的关系

如果害怕让人失望，我们就只会变成别人希望的模样，这份恐惧会让我们一直迎合他人。现在的我已经明白，在我对不健康的关系说“不”的时候，我是在为健康的关系腾出空间，或者在一些情况下，是让对方看到我们关系的价值，并为此做出努力。

这里，我有一个小小的建议：不要等待或期望他人改变。曾经的许多年，我都对塔尼莎抱有这样的期盼，但最后什么都没有发生。只要我们还是“门垫”，对方就不会有改变的动力，所以我只能离开。当你决定离开一段单方面付出的关系，对方或许会承诺改变，但请不要相信。而如果对方没有改变，也就恰恰说明了这段关系的基础就是“你是‘门垫’”。如果这不是你想要的，请大步离开吧！即使他们回来找你，保证一定会改，也请不要心软。从我的经历来看，塔尼莎的改变是不得已的选择，因为她看到了我和丹尼是多么相爱，所以她必须小心地不推开我，或是让我在她和丹尼之间做选择。

如果你正身处一段存在问题或高度依赖的关系，优先照顾他人感受的习惯可能会导致很大的问题，因为你的伴侣可能是个“无底洞”，你永远也满足不了他 / 她的全部需求。我很庆幸丹尼和我一样，总能知道对方需要什么。我想不到还有谁能比他更适合我，而且我知道他也这么想。

从一开始，我尤其喜欢丹尼的一点就是他总会鼓励我勇敢说“不”。他希望我做真实的自己，表达真实的感受，而且不论怎样，他都不会评判我。他不希望我委屈自己去讨好他，而且他知道我有这样的倾向，所以总会提醒我不要这样。我感受到了他无条件的爱。可面对其他人，我还是无法拒绝，即使在患癌期间也是一样。后来，死亡带走了这份挣扎，经历濒死后，我失去了很多朋友，包括塔尼沙，因为我不愿再为他们而牺牲自己。现在，我知道了癌症是我的身体对我无法说“不”的反抗。

经历濒死前，我似乎总会吸引渴望得到帮助的人，就像塔尼莎。这些人总会涌向共情者，因为共情程度稍低的人一定不会忍受这样单方面付出的关系。而共情者却会留下，因为我们会因为无法拯救或帮助他们而感到愧疚，但这样的关系只会让人精疲力竭。曾经的我似乎只有两种状态：要么因为想要满足他人永无止境的需求而筋疲力尽，要么因为无法做到这一点而心有愧疚。对共情者来说，这样的双输处境和噩梦没有区别。

我之前的出版商海氏出版社（Hay House）曾为他们的作者开设了一档电台节目，我会在那里每周一次与观众互动。在一次节目中，一位名叫洛兰（Loraine）的女士打来电话，她说我和塔尼莎的故事让她想到了她和上司本（Ben）的故事，于是想和我分享。“那是我梦寐以求的工作，”洛兰是一家营销公司的项目经理，“我下定决心要全力以赴地证明我很优秀，我就是这个岗位的最佳人选。我想让所有人——包括我的上司，其实还有我自己——都知道我完全胜任。从第一天起，我就开足马力——预估需求，提交报告，制作图表，加班加点，确保每一项任务都提前完成，而且不超预算。从早到晚，我一直问自己：我还能做什么？这项任务怎么能完成得更好？我能怎样为本减轻负担？虽然规定的工作时间是 9：00~5：30，但我每天早上都会 7：30 就开始工作，晚上 8：00 才离开。我并不在意这些，因为我喜欢这份工作。但慢慢地，我开始沉迷于用成倍的付出换取本赞许的微笑或点头。如果我忽略了某个细节或是哪天比其他人先下了班，尤其是本，我就会特别愧疚。”

但本已经对这一切习以为常。后来，洛兰遇到了真命天子，为了和男友约会，她会在 6：30 下班。这个时间非常合理，但本却开始讽刺她“早退”，说“昨天的工作肯定把你累坏了”或“你的工作肯定全都做得特别好了”之类的话。这样的指责毫无道理，因为洛兰依然每天早上 7:30 就开始工作，而且午饭也经常是边工作边解决。在她打来电话的几天前，她和本的矛盾爆发了——洛兰在 6：30 关了电脑准备离开，而本却用挑衅的语气说：“下次你要提前下班，必须先告诉我，这样我好把工作提前布置给你。”

“我气极了，”洛兰说：“我第一次觉得他是那么自以为是。我撂下一句‘下次你想让我加班，麻烦提前告诉我！’就出门坐电梯走了。”

洛兰感觉好极了，但那种感觉可能只持续了五分钟。然后她就开始为发了脾气，没能陪着本一起加班而感到愧疚，还担心自己会因此丢了工作。第二天，她努力讨好本，想要补偿他。她又开始加班到很晚，尽管她知道自己不可能永远这样。“我又掉进去了，”她说，“掉进了那个总想更好、更快甚至最好的循环。”

在那次通话中，我建议她找机会和本开诚布公地谈一谈，告诉本她也有自己的生活，每天都工作那么长时间是不现实的。她需要说出自己的真实想法，让上司知道她不能接受什么，然后听听对方怎么说。如果本还是不讲道理，她就应该考虑换一份工作了。我请她再次给节目来电，告诉我事情的后续发展是什么样的。

两周后，洛兰再次打来电话，说她已经和本谈过了。谈话的效果非常不错，本说洛兰生气的那晚他也很难过，而且意识到了自己没有尊重洛兰的付出。他还说自己很看重洛兰，为洛兰找到了心仪的对象而感到开心。洛兰说这次谈话是她做过最正确的事，她多么希望自己能早些这样做，而不是任由怨恨在心里越积越多。通过这次交谈，她不仅知道了上司是多么重视她，她也更加重视自己了。

想知道一段关系或一种环境（比如工作）是否适合你，你可以想想下面这个问题：我为朋友 / 同事 / 上司 / 伴侣所做的一切是因为我爱他们，关心他们（或者在工作场合，喜欢和尊敬他们），而且他们真的需要我的帮助，还是我觉得自己应该这么做，因为我想做个好人，不想被他人评判，不愿承受拒绝带来的愧疚？如果你的答案是后者，那么你就没有真诚地对待对方。

想象一下，如果你的朋友或伴侣为你做的每一件事情也是出于同样的理由——觉得应该这样，或不想被人说成坏人，如果你知道他们做的一切不过是因为他们觉得应该这么做，甚至因此怨恨你，你会有什么感觉？如果真是这样，我想你一定会特别内疚、难过。

你还应该问问自己：我是否害怕把我的愧疚感和义务感告诉他们？换句话说，你是否能委婉地告诉他们你不能一直这样帮助他们，把你的真实感受说出来？如果你不敢对朋友或伴侣说出真实的想法，宁可积怨也不说开，那这就不是一段健康的关系，它也很可能不会有好的结局。另外，如果你觉得这段关系离开你的隐忍就维持不下去的话，这也绝不是一段值得留恋的健康关系。

如果你对一段关系心存怀疑，那么一定有什么让你感觉不太对劲，你必须找到造成这种感觉的原因。如果你不敢让对方和你一起解决问题，那这段关系一定不适合你。想象一下，如果抱有怀疑的不是你，而是对方，你会是什么感受？如果这会让你难过的话，请记住：现在这样想的是你！在这段关系中，你不仅对对方不真诚，对自己也不真诚。

如果你真的关心伴侣，那么即使面对困难，比如伴侣生了重病，或他／她正遇到了难题，你也会坚定地陪伴在对方身边。如果不得不暂时离开，你也会在心里一直牵挂着他／她。但如果你的配偶、伴侣或朋友正在受苦，而你却觉得“天啊，我真受够了！我总得帮助他们，可其他人却不用这样。但我不能离开，因为我不想落人话柄。可我根本不想待在这里，也一点不想照顾他们！”那么这段关系一定是错的。

当我想到丹尼，我知道不论他遇到什么困难——身体上的、精神上的，或者其他任何困难，我都不会离开。我会竭尽全力帮助他，而且这和愧疚或责任没有关系，我爱他，他的幸福就是我最大的心愿。如果我想要休息，给自己充充电，我会直接告诉他，因为他的共情能力很强，完全能理解我的需求。我们总能感知对方的需要和情绪，所以我们不会增加对方的负担。我们会鼓励对方做自己想做的、能让我们都开心的事，我们可以随时讨论这些话题，而且不用担心对方会失望或想要结束这段关系。我们都想给对方最好的，都想让对方幸福。

在我患癌期间，丹尼毫无保留地为我付出，而且我从未感到他只是在尽义务。他总能让我知道他是真的想要陪伴我。如果你和你的朋友或伴侣不是这样看待彼此的话，或许你们应该说出真实的想法，而不是继续勉为其难地做些什么。

告别说“不”的愧疚

现在，你已经知道了拒绝的重要性，下一步，你还要学会应对拒绝引起的愧疚情绪。就像我说过的那样，愧疚可能是人们违心说“好”的最大原因。我们会因为这份愧疚而牺牲自己，牺牲健康，牺牲幸福，这一点在女性和母亲身上体现得尤为明显。在她们眼里，似乎所有人的需要都比她们自己的更重要，不论对方是丈夫、孩子、朋友，还是街边的乞丐。

共情者总会在建立边界，保护自己的时候感到愧疚，即使是面对那些伤害了自己的人。由于我们会因为批评他们的行为而感到内疚，因此，我们也很难保护自己不被他们伤害。

愧疚感还会在我们感到快乐、顺利的时候突然来袭。即便我们没有做错任何事，没有伤害任何人，我们的快乐和成功都是用辛苦付出换来的，但我们还是会感到愧疚。想想看，我们竟然会因为幸福而愧疚！这样的愧疚完全没有必要，共情者应该时刻提醒自己：我们的成功和好运都是应得的。

经过反复试验，我找到了一些对抗愧疚的有效方法具体如下：

1. 接受与意识。意识到身为共情者不好的一面（恐惧、没有必要的愧疚、自我否定），然后接受它。不要再因为愧疚、敏感、讨好他人而责备自己，试着接受它们，把这些特点看作天赋的反面。

2. 改变选择。如果你正身处熟悉的场景——在委曲求全的痛苦和照顾自己的愧疚间犹豫不决，请认真想想自己在这两种情境下的感受，看看哪一种情况让你感觉稍微好一些，或者更真实一些。你很可能发现自己宁愿承受拒绝带来的愧疚，也不愿继续做“门垫”，忽视自己的感受。

3. 如果你完成了前面两步，却还是感到愧疚的话，试着当个观察者吧。观察你背负了哪些没有必要的愧疚，你是多么擅长、多么努力地想回避冲突。然后想象自己离开身体，从他人的视角观察自己的感受和情绪。弄清自己有哪些感觉，又是身体的哪一部分有这些感觉。找到造成这些感觉的原因，试着发现其中的规律。我在经历濒死后能轻松做到这一点，但我相信通过练习，人人都能拥有这种能力。这个办法能减轻情绪对我们身体的影响，从而缓解沉重、沮丧、恐惧的感觉。

4. 为“不”找一个温柔的“替身”，这会帮助你解决冲突。你很可能像我一样讨厌冲突，而我为了避免冲突，会在不想说“好”，或至少当下不想说“好”的时候这样回答：

· 请让我想想，然后晚些回复你。

· 我需要考虑一下，稍后再决定可以吗?

· 你愿意找我，我很感动，但我实在有太多事情要做，我也需要休息，所以我只能拒绝你。

· 我考虑过了，但现在还不是合适的时候，谢谢你想到我。

5. 学会接受！我知道，这一点我已经强调过无数次了。你必须看到自己难于接受的特质，并努力打开接受的通道。想象自己接受礼物和富足，想象自己接受爱，想象自己在捍卫理想、勇敢说“不”的时候接受来自自己的善意。学会接受，你才能给自己“充电”，才能做真实的自己；勇敢拒绝，你才能挣脱他人期望的束缚，才能为这个星球做积极的贡献。

6. 写日记。对我来说，记录心情是宣泄情绪的好办法。你会在记录的同时成为观察者，就像第三步中说的那样：得以从情绪的旋涡中抽离出来。你还可以在一段时间，比如几周或几个月后重新翻看之前的内容，看看自己有了多少进步。

7. 这是最后一点，但也是非常重要的一点：学会爱自己。不要再苛责自己了！多给自己一些爱，学会“嘲笑”自己。不要太把自己当回事，试着“嘲笑”自己因为说“不”而产生的愧疚，还有在拒绝他人或想要拒绝他人时脑海中爆发的斗争。勇敢地把它们全都说出来——面对冲突的复杂感受，对无法满足他人期待的恐惧，还有那无处不在的愧疚感从而让别人更了解你。如果你能轻松地与人谈论这些话题，不再因为它们而感到坐立难安，那么你就做到了爱自己，接纳自己。你要知道自己拥有力量，如果你能不苛责自己，不让没有必要的愧疚束缚你，你一定会取得更加耀眼的成绩。

以上七点不仅能帮助你消除没有必要的愧疚，还能减轻愧疚和逃避冲突导致的焦虑、沮丧，甚至痛苦的感觉。

我想再次强调：听从内心指引，学会对不愿接受的事情说“不”，这些举动看似微小，却能从根本上改变你的生活。它会让你变得更加真实，拥有能展现你独特魅力的人生！

冥想——勇敢说“不”

非常忙碌的时候，请默念下面的语句，它们会给予你说“不”的勇气。

“我愿意听从内心的指引，我尊重自己。

我允许自己说‘不’，不带愧疚之意。

我不会因为拒绝成为坏人，

我只会因为拒绝成为更真实的人。

挣脱枷锁，拥抱自由，

接纳最真实的自己。”

第十章

打破性别规范

诗文：“我接纳我的性别。”

我们的社会已经由男性主导了太长时间，现在，女性能量（男性和女性都有这种能量）被长期压制的恶果已经开始显现，是时候打破现状，重塑平衡了！

面对现状，女性共情者往往选择妥协，因为她们习惯了逃避愧疚，害怕批评，不愿让人失望。虽然男性共情者也会遭殃，但他们的痛苦更多来自反向性别歧视——不够“阳刚”。

我成长在一个性别极度不平等的文化环境里。我曾相信女性生来比男性卑贱，甚至成年后的许多年仍有这样的观念。印度文化认为女性必须由男性照看，因为我们太脆弱，太敏感。出嫁前，女孩必须待在家里，受父亲照看；出嫁后，女孩进入新的家庭，继续由丈夫照看。

在我已经成年，但还没结婚的那些年，如果没有男性监护人——我的兄弟或者我家人信任的其他男性——陪同，我就不能在晚上和其他女孩出门玩耍。我必须承担所有家务，而我的哥哥却什么都不用做。每当我问父母为什么哥哥不用洗碗、不用做饭的时候，他们总会回答："因为你是女孩，他是男孩。"面对领导岗位，我得到的教导也是一样——只有男人才能当领导，要是哪个女人想参与竞争，那她就不会有异性喜欢。医生、政府官员、新闻主持，这些都是男性才能从事的工作，而辅助性质的工作——助理、秘书、护士——则属于女性。

如果你的成长环境和我类似，请想想这样的环境向你传递了哪些信息，在你心里埋下了什么种子：我们不能离开男性的保护，这会让我们怀疑自己作为女性独立思考、判断、创造的能力，如果离开男性，我们就什么都做不了。我们会怀疑自己的力量，甚至怀疑自己的情绪和行为。

更可悲的是，这样的性别歧视存在于所有文化中。许多人说身处西方文化，尤其是美国文化的女性不该再抱怨什么，因为我们已经非常自由，不再受这些束缚了。这种说法不无道理，但也不完全正确。

直到 1973 年，美国女性都必须先得到父亲或丈夫的签字许可，才能申请信用卡或贷款，她们本可以成为家里的顶梁柱，但她们没有机会。即便是现在，我也不认为情况有太大改观。从事同样的工作，当男性挣到1美元时，女性只能挣到0.8美元，如果再算上女性因为照顾家庭和其他所爱的人而损失的加薪和晋升机会，女性实际能挣到的只有不到0.49美元[25]。女性总是缺乏信心，即便知道自己比男性同事优秀也不敢参与领导岗位的竞争。我时常想起那份惠普（Hewlett Packard）公司著名的内部报告——女性只有在100%符合岗位要求时才会参与竞聘，而男性可能只要求自己满足全部条件的60%。

放眼世界，尽管情况正在好转，但巨大的性别差距依然存在。世界经济论坛发布的一份全球性别差距报告认为，按照当前的速度，西欧还需要61年才能消灭性别差距，南亚需要50年，北美则需要165年[26]。但在我看来，实际速度要远比预计的更慢。

改变环境和观念谈何容易，一些女性甚至产生了“我不重要”“我不够好”“离开强大的男人我就什么都做不了”“结了婚的女性比单身女性更有价值”等大错特错的想法。所有性别歧视和限制都不是真理，而是滤镜。三维现实之外没有性别歧视，因为那里根本没有性别，只有能量——既不是男性，也不是女性的能量。性别只是我们在物质世界的生物属性，为了繁衍后代而存在。认识到这一点，我们就会明白性别歧视和约束不过是虚假的滤镜，就能帮助自己和他人从滤镜的控制中挣脱出来。

落跑新娘

挣脱束缚或许很难，但找到力量相对简单，这份力量就来自真正的你。要反抗滤镜带来的歧视，如果不爱自己，没有力量和信念，不接纳自己，最后一定会遍体鳞伤。

我在前面的章节曾经提到，我的文化对我的最大期待就是嫁给父母为我挑选的对象，做一个好妻子。我的丈夫必须和我来自同一个文化，有同样的观念，拥有相似的社会地位和经济条件。简而言之，我最应该做的就是讨男性喜欢。直到陷入濒死，我的想法一直如此。更让人难过的是，因为传统印度社会认为单身女性不如已婚女性有价值，所以挑选配偶往往在女孩很小的时候就开始了。

在我岁数还小，甚至算不上青少年的时候，我的父母就为我选定了未来的丈夫，并开始按照好妻子的标准培养我。他们要求我恭顺、服从、招人喜欢、擅长家务。如果我未来的丈夫和他的家人不允许，我就不能去上学或工作，因为传统印度文化认为女性不是嫁给一个男人，而是嫁给他的家庭，婚后还必须和他的父母、兄弟姐妹生活在一起。换句话说，女性要在婚前服从父亲，婚后服从丈夫，直到去世为止。

这样的生活让我害怕，这简直是精神死亡。我只想属于自己，想自由地做我想做的事情。我还想环游世界，追逐梦想，自己养活自己。我想走我自己的路。我一点都不想嫁给别人为我挑选的对象，我是个无可救药的浪漫主义者，我想恋爱，想和我自己选择的人坠入爱河。

我看着自己的好友先后结了婚，她们也是印度女孩（一个女孩结婚时只有 17 岁，还有一个 19 岁）。她们大都期待结婚，即便对方是她们父母在“被允许”的极小范围内替她们挑选的。当她们披上礼服，总有人问我的父母为什么我还没出嫁，暗示是否没人愿意要我。而当我看到自己的朋友，那些曾经和我一样的女孩，认为一切都很正常的时候，我更加怀疑自己了。因为她们期待的正是我恐惧的。

接着，我陷入了一个持续了数十年的状态：我开始怀疑内在自我，觉得一切都是我的问题。我看不到前进的方向，握不住自己的力量，我感到孤独、不被理解，害怕自己就这样孤独终老。我在表达自我和讨好家人间犹豫不决，明明想说“不”，却还是说了“好”，我回避自己的光芒，不敢拥抱它。

最后，我在二十多岁的时候接受了包办婚姻，但那场婚礼却成了比在 20 世纪 80 年代初把头发染成粉色还要疯狂的事情。就在婚期快要到来的时候——内在自我在我的脑海中咆哮：不要屈服！这不是你！这不是你来到这个世界的目的！——我逃婚了。

婚礼原本计划在孟买举行，家人想把它办成一场盛大的典礼，于是邀请了世界各地的亲戚全都到场出席。婚礼场地已经订好，配套服务一应俱全——摄影、餐饮、音乐等。根据印度的婚俗习惯，婚礼至少包括七个步骤。“临阵脱逃”是极其艰难的决定，但我别无选择。我和未婚夫订婚了八个月，在那八个月里，我努力按照他家人的期望要求自己。那段时间，我的一切决定都要经过他和他父母的同意，事无巨细，从日常穿着到婚后食谱。我感觉累极了，不仅如此，我的未婚夫和他的父母还不允许我婚后外出工作，不让我自己挣钱、旅游，或追逐任何梦想。

那时，对我来说结婚就是从煎锅上跳进火坑里。就像前面说过的那样，在印度的包办婚姻里，女性不仅是嫁给一个男人，而且承接一个新的家庭。在我未婚夫的父母看来，我是“联盟”的重要一环，或许是因为我在婚后将要和他们一起生活，很多时候，我甚至觉得他们比我父亲还要严厉！

直到婚礼前三天，我内心的风暴还在继续，于是我决定把自己的真实想法告诉母亲。我对她说：“八个月过去了，我还是不了解我的未婚夫。他的父母出现在我生活中的次数比他还多，他们一直在训练我成为完美的印度妻子，教我做未婚夫爱吃的饭菜，叮嘱我要穿印度服饰。但一想到要和几乎不认识的男人共度新婚之夜，我感觉自己从没那样害怕过。”

母亲像英雄一样抱住我，安慰我，说她不会强迫我什么。我感觉松了一口气，但一想到未婚夫父母的反应、从世界各地飞来的亲戚，还有已经订好的场地和工作人员，我又害怕极了！母亲说她会处理好所有事情，包括向我的未婚夫和他的父母解释，通知并补偿所有的亲戚和客人，处理好场地和工作人员。她把一切都揽了下来，只是责备我没有早些把心里话说给她听。

不出所料，当母亲找到我的未婚夫和他的父母，尝试向他们解释情况的时候，他们生气极了，指责我的母亲把我惯坏了。接着，解释变成了争吵，他们闹着要我的母亲扇我耳光，在婚礼那天把我绑到现场，但我的母亲说她决不会那样做。

我没有勇气留在现场，也知道他们一定会来找我，于是我逃走了，躲到了我最好的朋友家里。她在十九岁时走进了包办婚姻，但她很后悔，婚后的生活也并不幸福。当时她住在孟买，好心收留了我。

不久，未婚夫的家人果然找上门来，说要见我。朋友不让他们进门，我则害怕得一直躲在房间里不敢出来。我不能离开朋友家，因为未婚夫的家人一直在门外的大街上徘徊。我在朋友家里足足待了一个月，事情才稍有平息，所有从海外赶来的亲戚都回了家。

在一些人看来，从婚礼圣坛逃跑或许是个勇敢的决定，但这更是共情者的典型行为。我没有勇气说“不”，因为我不想让人失望，也不想制造冲突，于是我否定自己，接受了包办婚姻。但当最终时刻来临，必须“签字画押”的时候，我逃跑了，结果引起了更多的失望和冲突，而这又是我最不愿看到的，是我所有隐忍的初衷。不论怎么说，我的做法都难以让人接受。这件事的风波也让我的家人和新郎的家人蒙了羞。

原来，在我的母亲被她的父母逼迫着接受包办婚姻的时候，她曾发誓如果将来有了女儿，一定不会这样强迫她。她妥协并嫁给了我的父亲，但她更压抑了真实的自己。她从未责备我不接受这场婚姻，也没有因为我的叛逆而生气，最后，她甚至成了我逃跑的“帮凶”。整个家族都指责她把我惯坏了，因为她既没有斥责我，也没有不许我回家——让我无处可去，只能回到未婚夫那里。她小心地为我善后：一面争取我父亲的支持，一面陪伴着我。她从未责怪或批评我，即便是全世界——包括我父亲——都在这样做的时候。她始终站在我的身边，为我对抗整个世界，努力在我们的文化限制和我的梦想之间创造空间。

我的母亲从不吝啬她的赞许，但我的父亲几乎从不夸奖我。我必须非常努力才能得到他的认可，但那认可总是非常短暂的。因此，我总是竭尽所能想延长被他认可的时间，甚至不惜委屈自己服从他的意愿。当他不认可我的时候，我会认为是自己错了，是我做了伤害他的事。但任何一件小事都会成为他不认可、不喜欢我的理由——我贴在卧室墙上那张真人大小的男明星海报，还有和朋友煲到深夜的电话粥。这些不过是青春期的孩子都在做的再平常不过的事，但到了我父亲那里，它们就变成了无法容忍的大错。他不只会对我发脾气，还会对我母亲发脾气，指责她只会纵容我。他的怒气会让我感到愧疚，把我再次推进那个循环——扭曲自己，努力做一个好女儿，争取重新得到他的认可。

后来，这样的情况越来越多，不论是没有在门禁前按时到家、和来自不同文化的男生约会，还是穿了稍微有些暴露的衣服，我的父亲都会对我和我的母亲发火。于是我更加难受，也更加矛盾了。如果我选择循规蹈矩，接受传统印度文化的压迫，并不是因为我害怕父亲，而是我不想影响他和母亲的关系。我背上了双重情绪包袱，自己却丝毫没有察觉。当时，在我的文化里，未婚女性必须和父母住在一起，所以找份工作、搬出去住对我来说是不可能的。直到父亲去世，我们的相处都不融洽。我和他的分歧像是无解的难题，直到我在濒死体验中，再次遇到了他。

打碎玻璃天花板

我们伟大、强壮、充满力量，这些品质属于每个人。我们需要做的就是把这些品质融入现实世界的生活。共情、敏感、果断、刚毅、柔情，这些品质对所有人来说都一样重要，就像阴和阳。在另一个世界，这些品质没有优劣之分，或者说那里根本不存在对比。完全不存在！

这份感悟真实极了，而且我认为它完全正确！成长过程中，我总感到说不出的别扭，但我在濒死体验中看清了一切，而且那一切让我感到无比自然。

我认识到我们扮演的角色——我们被套入的性别角色——不过是文化角色而已。我们情感上的束缚——女性因为外出工作而背负的罪恶感，我们被灌输的自我牺牲（而非自爱）的观念，得到的远超于男性的压抑自我的要求——都是文化造成的。但是，意外经历让我明白，摆脱文化和性别的限制是完全可能而且非常美好的。

在料理家务方面，丹尼比我在行，但在濒死体验前，我一直认为这是我的短处，而不是丹尼的长处。我不愿承认这个事实，还会在亲戚朋友到家里做客时极力掩饰。不过，从那次经历后，情况发生了变化：我会自豪地向大家炫耀丹尼是多么持家有道，而他则会取笑我笨手笨脚（当然，是开玩笑的）。

在这个世界上，男女两个性别一样重要，就像阴和阳，不论缺少了哪个，都会造成失调。作为情感比一般人更加丰富的共情者，我希望你接纳自己的不同，把它们变成你的力量。不论你是男人、女人，都请接纳自己。我们习惯把敏感归为女性特质，这没有错，但更准确的说法应该是"阴性"特质。特质没有性别，所有的"阴性"特质都和当下文化所特别看重的"阳性"特质——果断、鲁莽、固执、激进、强硬——一样重要。

许多男性共情者都有敏感特质，但他们害怕表现出来，因为他们不想被人贴上"软弱"的标签。另外，一些女性认为只有更像男性才能在这个世界获得成功。但我想告诉你，这些想法都是错的。今天，我们比以往任何时候都更加需要女性特质。

我们需要更多的女性榜样——强大且愿意接纳、展现自己女性特质的榜样。所以我希望你接纳自我，因为这是成为领导者的必要条件。你的敌人不是自我，而是你对灵性意识、内在神秘、你与意识之网联系的压抑。身为共情者，你已经拥有了灵性意识和出色的共情能力，但你还必须接纳自我，这样才能真正意识到你声音的重要性。不论音量大小，你都该发出声音。

我从自己的经历收获了一点重要领悟：不要被性别束缚，永远努力做真实的自己。我想请你也这样做，拥抱真实的自己，接纳你的力量和天赋。另外，如果你真的不擅长一些事情，比如数学或拼写，不要害怕承认那是你的弱项。我希望你能像我一样，发现越是坦然接纳自己，就越不害怕别人的评价。当你做到这些，你会拥有更加强大的力量。

冥想——接纳你的性别

你潜力无限，未来可期。下面这些词句能帮助你接纳自己的全部，包括阴、阳两部分。

"当我放松下来，关注自己的身体，

我知道我是现在的模样，一定有它的道理。

我的性别是完美的。

在这个物质世界，我的一切都是被需要，有价值的。

我允许自己充分而真实地表达自己。

我坦然拥抱自己的力量。

我渴望接纳并滋养自己的身体。"

第十一章

无畏生活

诗文："我勇敢生活，无所畏惧！"

在我经历濒死的时候，父亲告诉我"向前走，去勇敢生活"，我做到了。这也是我从濒死体验中领悟到的，我们来到这个世界的目的是做自己，爱自己，以此为基础建立自己的生活。勇敢生活就是表达真实自我，这需要我们接纳自己的真实想法，不论是正面的，还是负面的。为了融入五感世界，我们都曾压抑那些不符合大众思维的想法。在接触了许许多多的共情者之后，我发现这种压抑还来源于我们能够轻松读懂他人的能力，我们认为其他人也有这样的能力，可以一样轻松地读懂我们。所以我们把表达的愿望深深埋进心里，筑起一个保护罩，然后躲进去。

我们还要面对负面思想的控制——在脑海中一闪而过的念头，

都会被无限放大。这也是共情者容易感到恐惧的原因，我们容易受到各种暗示的影响。在我忙于对抗癌症的时候，所有人都在谈论“吸引力法则”，这是当时非常热门的话题。无数人对我说“是你吸引了癌症”“是你的想法吸引了癌症”“负面想法会造成负面现实”，但我不理解他们在说什么。怎么会呢？我一直是乐观的人，我总是面带笑容，当人们需要鼓励的时候也总会找到我。我曾有一些朋友，他们有时会闷闷不乐，郁郁寡欢，待人刻薄，但我从来不会。我总是鼓舞他人，我想让所有人都喜欢我，还记得吧？

在我们努力压抑自己的想法和情绪的时候，我们也在给自己传递这样的信息：因为我不够好，所以我必须要扼杀这一部分的自己。但我们压抑的是一部分真实的自己，这是非常不健康的。我们监控着自己的每一个想法——这个可以，那个不行，同时也批判着自己的思想，评判着我们自己。这样的生活是不真实的，是造作的。

这也是我们应当特别注意的地方，不要在一知半解的情况下盲从“吸引力法则”。我不认为吸引人、事、环境的是某个想法，我相信决定境遇的是此刻的自己。

我一直没有真正理解“吸引力法则”，直到在濒死体验中懂得了“爱真实的自己”才是一切的关键。当你真正做到了爱自己、尊重自己，你就不再需要审查自己的每一个想法了。

做自己!

我从自己的经历中认识到，做真实的自己，就自然能够接纳自己的负面情绪。它们来了，但也会离去，这些负面想法和正面想法一样，都是我们真实自我的一部分。只要我们做真实的自己，就会吸引真正属于我们的东西。我们不必在意每一个想法，想挑出哪些能让我们留住好的结果、机会、人际关系和经历，也不必在经历困难时害怕负面想法它们不过是想法而已，而所有的想法加在一起才是真实的你。

现在我已经不会再把自己的想法分成正面的和负面的，因为它们都是真实的我。我相信你也会像我一样。想想小朋友们，他们会说出各种各样的负面想法，但马上又会去做下一件事，玩下一个游戏。他们的负面想法并没有引来可怕的后果，你不会责怪他们，他们也不会责怪自己，而且他们知道自己依然被爱着。他们在学习，我们也是一样。所以对自己宽容一些吧，爱自己，做自己。

想要真正做自己，请先问问自己：如果一切可以重新开始，我想成为谁？如果不用在意任何人的目光，我会怎样生活？在你提出这些问题的时候，请记得你已经睁开了眼睛，不需要再像第一章中说的那样闭着眼睛生活了。你已经挣脱了五感世界，你拥有了可以看清世界的双眼。所以，在抛却了那些“应该如此”的束缚后，你怎样看待自己？如果你不确定，你可以把这个问题抛给你的内心：我希望自己成为一个轻松、自由、成功、富有创意的人吗？看看你的内心会怎样回应。

之所以会有不好的事情发生，并不是我们的负面想法引来了它，而是背负着过去的包袱和观念的我们自己创造了它。一旦我们学会爱自己，倾听内在指引，我们就能抛弃这些包袱和观念，把世界看清。我们应该主动创造自己想要的生活，然后让世界把它映成现实。

世界是什么模样，取决于我们透过什么“滤镜”去看它。观念变了，滤镜也就变了，我们看到的世界也会非常不同。比如，透过善意的滤镜看世界，我们会看到更多善意；用愤怒的滤镜看世界，就会有更多愤怒进入我们的视野。举个例子，当你买了新车，你总会突然发现同款车到处都是，尽管此前你根本没有见过或很少见到这样的车。又或者你在买车的时候特意挑了一个特别的颜色，就是为了和别人不同，但当你真正开车出门时，会突然发现很多车都是差不多的颜色。我的第一辆车是亮红色的，我一直觉得没有多少人会开亮红色的车，但当我开着那辆红车出门一看，我的天啊，到处都是！

如果探究得更深，我们还能从科学的角度证明我们对环境的影响。比如江本胜博士（Dr. Masaru Emoto）在其著作《水中隐藏的信息》（*The Hidden Messages in Water*）中记录的与水有关的实验。他发现人的思想和感情、人的状态，甚至音乐都会影响物质世界，例如水在低温下形成的冰晶[27]。1998 年，以色列魏兹曼科学院（Weizmann Institute of Science）的研究人员通过一项精密实验证实了电子束会因为人的观察而发生变化，而且观察时间越长，影响就越明显[28]。

我从濒死体验中清楚地认识到，造就现实的不只是我的想法，更是我对真实自我的尊重和爱。我们唯一该做的事就是无所畏惧地做自己，而这需要我们足够爱自己，允许自己抛弃过去的包袱和观念，不强求自己用和别人一样，或按照别人希望的方式看世界；我们还要尊重自己的价值，好好照顾自己，不乞求任何人的认可，不把生病当作假条，不再费力证明我们才是对的；我们要相信自己的价值，相信自己值得一切的美好，相信这是我们与生俱来的权利。

简而言之，我曾因为恐惧不敢做自己（不想被讨厌、被批评，害怕自己不够好、没价值），但是爱让我重新鼓起了勇气。我越是爱自己，就越明白自己有资格，而且应该大胆表达自己。你也会有一样的感受：越是做自己，就越能清楚地知道“我爱自己，这没什么不对的”。

允许自己展露真实的一面，做真正的自己。当你这样做时，你也是在告诉自己“我的想法没有错”，即便负面想法或恐惧情绪还会偶尔出现，但是你也能接受它们。你会想“没事，这些想法也是我的一部分。听听它们怎么说也无妨，它们说完了就会离开”，这会比“天啊，我必须压制这些想法，否则它们会引来不好的事情”要好得多——一开始，你害怕某个想法，后来，你开始害怕“害怕的情绪”，因为这种情绪会引发更多的想法……而这个恶性循环的源头恰恰是你不允许这些想法存在。

那么怎样才能挣脱内心的恐惧，做真实的自己？换句话说，怎样才能从害怕做自己变成真正爱自己？

首先，你要弄清恐惧来自哪里——恐惧大都来自外部世界。这可能和你的感觉不符，因为你认为恐惧是人心中的情绪，但事实并非如此。当你抵达内心深处，你会发现那里只有爱——什么都没有，只有爱。而我们身处的现实世界似乎已经失去了平衡，推动一切的不是爱，而是恐惧。阅读本书的你很可能也是共情者，所以你的感触一定更深。正因为如此，你更有可能认为恐惧来自你的内心，但实际上，那些恐惧来自我们身处的现实环境。

你可以试着尽量减少外部世界的输入，我们已经在第三章讨论过“断联”的方法，你还应该有意识地和那些煽动恐惧情绪的人保持距离。

下一步，你要学会向内在神秘寻求指引。恐惧情绪是一个信号，提醒我们注意内心的声音。尽管你的使命是来到这个物质世界、进入这副身体，你不应该逃离，但这个世界有时的确太过嘈杂，让人感到恐惧。我们可能会因此失去平衡，所以我们必须保持和内在世界的联系——倾听灵魂的呼唤，牢记自己的目标，感受将我们带到这个世界的爱。

爱自己，珍惜自己！

我们已经讨论过应该怎样爱自己，又能怎样再多爱自己一些，现在我想带领你继续探索，让你学会借助内在指引的力量。你可以问自己几个问题，比如：我能怎样再多爱自己一些？我怎样才能活得更加真实？我该怎样释放恐惧？我想再次强调，真实的生活不是审查想法，惧怕想法，而是“我愿意好好地爱这样的自己”。

如果你正经历疾病、抑郁，或低谷时期，请千万不要对自己说：是你吸引了它，是你的负面想法造成了这个现实，都怪你这么消极。在遭受痛苦、伤痛、迷茫、恐惧、疾病的时候，你应该告诉自己：看，这是个信号，我应该更努力地爱自己，积极拥抱美好的东西。然后问问自己：我该怎么做？我该怎样从自身和生活中获得更多快乐？让我快乐的是什么？

这些思考能让你变得更加真实，而做真实的自己非常重要，因为就像我说过的那样，你只会吸引真实的自己。你快乐，就会有更多的快乐进入你的生活，而想要变得快乐，你必须更加爱自己，因为只有这样，你才不会为了某个想法而批评自己。你也可以用这个方法支持其他正经历困难的人。

一个更爱自己的方法就是换一种方式同自己说话。在健康出现问题或面对困难的时候，不要批判自己、对自己生气，而是把自己当作最好的朋友。如果正经历一切的不是你，而是你最好的朋友，你会对他 / 她说什么？我想大概是“别害怕，有我在”“一切都会过去，你会变得更强大”或是“我会一直陪着你”吧。我希望你问一问自己的内在指引，看看它会怎样回答。如果它的答案也和你差不多，那就行动起来吧。

你或许一直想得到更多的爱，也一直在苦苦追寻。但你应该做的不是在外寻找，而是更加接受自己、爱自己，努力“调高”自己的频率。但频率或振动又有什么意义呢？我们已经知道能量是万物的本质，而共振法则告诉我们，能量总处于震动状态，这也包括你身体的每一个部分。振动速度越快，你就越轻松，直觉更敏锐，意识更清晰。而要“调高”频率，你必须接受自己的想法，而不是惧怕它们。不仅如此，你还应该帮助他人接受自己、爱自己，因为这会同时提升对方和你的频率。请记住，爱是世间所有问题的答案，爱可以解决所有问题。

共情者希望身边的人轻松、快乐、幸福，这也是我们不停拯救他人、帮助他人的原因。我们总想鼓舞他人，但这需要我们先好好爱自己。我想对全世界呐喊:“爱自己吧！就像你的生活离不开这份爱一样！你对自己的爱就是你生活的根基！”我付出了极大的代价才学会这宝贵的一课——我几乎付出了生命。

共情者必须鼓起勇气爱自己，满足自己的需求，必须知道这些都不是自私的事。事实上，不这样做才是自私，因为这只会让所有问题更加糟糕。当你优先照顾自己的时候，很可能有人指责你自私。在我刚刚开始分享我的濒死体验和从癌症中痊愈的故事时，总有人（特别是在社交媒体上）对我说类似这样的话:“至少你的需求还能被满足。看看那些受罪的人，他们多么可怜 / 病得多么重 / 都快死了！如果你觉得最重要的是爱你自己，你怎么可能帮到他们? ”

但这样的想法是非常落后的。听到这些话，虽然有时还会内疚，而且这种情况在我的工作中经常出现。总有人希望灵性较强的人能彻底牺牲自己，他们认为只有自我牺牲才是真的奉献。要改变这些人的想法很难。人们希望医生、老师、父母、领导者都能这样“无私”，而且在我成长的文化中，这更是对所有女性的期望。当我反驳这些观念的时候，总有人指责我自私自利，但我会提醒自己：如果我不爱自己，不照顾好自己，不听从自己的内在指引和直觉，我一定会面临严重的后果——很可能再次生病。如果我因为不好好照顾自己而病倒了，痛苦不堪，甚至死去，我能对他人有什么贡献呢？那我就不是解决问题，而是制造问题了。

接纳，而不是吸引

勇敢生活即勇敢做自己，抛弃束缚，拥抱未曾想过的可能性，让秩序回归生活，恐惧不见踪影。常有人问我对目标怎么看，说实话，我不喜欢给自己设定目标。我认为所谓的目标只会限制我们，而我们真正能做的远比我们想象的更多。但如果不能全面认识自己，我们就无法发挥所有潜力。我们的观点总是受限于我们所看到的，即我们的肉体。

这一切的关键在于认识自己——知道肉体不是自己的全部。低头看看自己，我希望你知道这副身体只是冰山一角，它只是你的20%，还有80%的你存在于另一个空间。你无法用肉眼看到它，但它的确存在。我们的能量可以扩张得极大，与周围所有人的能量相连。但今天的人们与世界相处、与他人相处的方式就好像我们只有这冰山一角——我们仅仅是存在于这个时间和空间的肉体，再无其他了。

在我谈论六感存在或发掘六感自我的时候，我指的就是发现那肉眼不可见的 80% 的自己。那一部分的我们拥有远超我们想象的能力。这也是我在死亡中体验到的——我看到并感受到了另外一部分自己。我的非物质部分要比物质部分多得多。我不是冰山露出的一角，我是整个冰山。我的存在宏伟、巨大，是语言无法描述的！

当我们认识到肉体只是自己的一小部分，我们就会自然意识到自己在世界上遇到的每一个人也只是他们的一小部分。那时，我们就会明白我们所追求、担忧和争论的一切是多么不值一提。我们一直在小题大做，因为我们不知道眼前的一切只是某种无比宏大，不是五感所能感知的某种东西的一小部分。

最近，我收到一封信，来信的人在信中问我："要是我有一个特别特别强烈的愿望呢？这种愿望是哪里来的？我应该拿它怎么办？我应该全身心投入，去试着实现它吗（即应用吸引力法则）？这样做对吗？我会限制自己吗？"我的回答是：如果你对未来的设想和愿望源于当下，那么你的视野一定也会局限于你当下所知道、看到的一切。

这让我想到了自己。在我生病的时候，我最大的愿望就是恢复健康，于是我做了一块“愿望板”。那是在2005年，电子愿望板还没有流行起来。我买了一块软木板，把杂志上健康的人物图片剪下来，做成了一幅拼贴画。一开始，我感觉不错，但一段时间后，我发现自己并没有变得像图片上的人物那样健康，甚至没有一点好转，于是我更加害怕了。这就是愿望板的“坏处”：如果愿望不能“如期实现”，你就会恐惧、怀疑。而你一旦开始恐惧，你也就失去了起初的爱和期待。

如果你正在经历一段艰难时光，这也就意味着当下的情况和你希望的不一样。这时，请不要仓促地做任何事。因为人在生气、惊慌或沮丧的时候会自动进入求生模式，灵感的大门会暂时关闭。在求生模式下，灵感不再出现，我们也不会想到好的方法。这时，我们应该集中精力思考怎样让情况有所好转，哪怕只是一点点。不论当下的状况有多糟糕，试着找到可以改善的地方，比如多花些时间和爱的人相处，或是独处，听听音乐，和更高自我相连，想想这件事 / 这个时刻想向你传递什么信息，或者问问自己“如果不用在意任何人，我想怎样生活？”这就是我会做的事情。

一位女士写信给我，说她一直在用愿望板，而且认真遵守了吸引力法则的所有规则，但始终没有得到想要的结果。后来，她看了我的视频，才知道她的所有行动都源于恐惧、匮乏感和求生欲，而这些就是她的“滤镜”。于是她开始改变，努力让自己在每一个当下活得更好一些，一段时间之后，她感觉好多了，也更有信心创造美好的未来。很快，她发现自己不再需要愿望板了，因为她知道那不过是她用来安抚恐惧情绪的工具。

再回首，我不禁感慨，和我的使命（真正的神性目标）相比，我曾在愿望板上描绘的未来是多么渺小。我真正的未来远比自己当初想象的——那个出于恐惧和求生欲去想象的未来——要大得多。

就像那 80% 的冰山一样，我们无法想象看不到的事。因此，设定目标或制作愿望板可能只会让我们感到沮丧，用当下限制未来——我们看不到完整的自己，因此我们的视野也是局限的。

你的未来或许远比你想象的光明、美好，但大多数人的想象都无法跳脱现有的知识。所以，你能做的和应该做的就是爱此刻的自己，收获此刻的快乐。如果心情不好，就去做一些能让自己振奋起来的事情，让自己有一个好的状态。比如，如果我感到压力很大，事情进展不顺利，我会让自己停下来，去做些其他事情——去海边走走，做顿饭，洗个澡，或任何我喜欢的事。当我做这些事情的时候，我总能感到思绪更清晰，生活也更美好了。然后我就有了更好的状态去解决问题。如果你能尽力过好每一个当下，你一定会收获最好的未来。

我曾在愿望板上许下的心愿和我现在的生活相去甚远。我从没想过自己会拥有这样的生活，我甚至不知道有这样的生活存在！所以，请不要给自己设限，不要用目标、事无巨细的未来愿景、某项工作的具体成果限制自己。给自己留一个开放式的结局吧。你唯一要做的就是在此刻勇敢、充分地表达自己，找到生活的乐趣，努力拓展自己。

那么，我们该怎么做呢?

爱自己就是爱全部的自己

当我告诉人们要爱自己的时候，我总会提到“那看不到的80%”，因为大多数人意识到的、爱着的只是那冰山一角，即他们所能看到的那一部分自己。“哦，我懂了，”一些人还没有听完我的话，就会抢着说，“但我都会定期修剪头发 / 染色 / 焗油，我还会做面部护理，我经常锻炼，也有好好照顾自己。为什么我的生活还这么艰难，为什么我感觉不到我爱自己呢? ”这时我会告诉他们:“你之所以感觉不到自己的爱，是因为你忽略了另外百分之八十的自己，你爱的只是你的20%而已。”

真正爱自己的第一步就是意识到自己还有另外的80%，知道自己拥有六感。下一步，你需要连接那一部分自己，因为它能指引你找到生活的目标。你要爱、接受、了解、信任那一部分的你。做到了这些，你的实体部分和非实体部分就会合二为一。

现在，你可能感觉自己的实体部分和非实体部分是完全割裂的。你可能觉得自己像漂浮在海面上的冰，完全看不到水面下有什么。这就是你感到迷惘、孤独、疏离的原因，因为你只能看到水面上的一角。如果你能看到整座冰山，看到水面下无比壮观、与其他事物——整个世界、其他冰山、水、土、各种元素——相连的那一部分，你就会知道你远比自己想象的要宏大得多。每个人都可以与那一部分自己相连、建立联系的方式很多，比如休假、收听灵性广播、学习乐器、烹饪美食、画画等，不论形式如何，适合你的就是最好的。

一天当中，不论我在哪里，我都会和自己的“水下部分”对话。每晚睡前，我会静静地躺在床上，和另一部分的自己谈心。一旦你喜爱、接纳、了解和信任属于你灵魂的那一部分——和它对话，承认它的存在，滋养它，告诉自己“没错，我还有另一部分。那一部分的我一直在指引我，它知道我的使命，知道我来到这个世界的目的，知道我的未来是什么模样。它在努力让我看到未来的自己”，它会对你开口，让你不再迷茫。这是我在濒死体验中的真实经历，我在那次经历中真正意识到了自己不是冰山的一角，而是整座冰山。我希望你也试试看，用心倾听，就这么简单。

如果你有孩子，而且你想让他们知道他们实际上是多么伟大的话，你最应该做的就是让他们知道肉体只是冰山一角，而全部的他们要比他们肉眼所见的大得多、丰富得多。你应该鼓励他们相信感觉和直觉，帮助他们看到完整的自己，包括那看不见的 80%；告诉他们可以通过问答的方式和自己的另外 80% 交流；问问他们在不同情境下的感受，帮助他们把注意力从头脑转向心灵。

我们的心灵更靠近另外 80% 的自己。在孩子看电影、电视剧，或是玩游戏的时候，除了用大脑接收信号，他们还应该关注自己的感觉。你可以问问他们的感受，比如在看到某个画面或是玩某个游戏的时候会不会紧张 / 害怕 / 高兴？他们在学校学习不同科目时是什么感觉——不仅是考试成绩，而且是学习时的感受。课间去操场玩耍、参加生日宴会或其他社交活动时是焦虑、害怕，还是期待、开心？了解孩子的感受是我们与他们的 80% 建立联系的好办法，你也可以用同样的方法帮助他们和自己的 80% 建立联系。

在学校被欺负的孩子应该知道受委屈的只是“水面上的自己”，而完整的他们要比这冰山一角大得多。他们还应该知道欺负人的也只是欺凌者的“水上部分”，除了欺负人的一面，欺凌者还可以有很多面，他们可以很伟大，但他们看不到那种可能。弱小的感受是欺凌的源头，他们看不到“欺凌者”以外的自己，所以他们也想不到其他办法去摆脱弱小的感受。

当你看到整座冰山，你会感到两部分的自己相互融合，成为整体。我曾说过爱自己、接受自己是一切的关键，但现在我想后退一步，将视野放大。有一天，你会意识到：其实我不需要爱自己，因为个体的“自己”并不存在，实体的“自己”也是不完整的，我真正应该爱的是整体。这是一个自然的过程，你会明白自己是永恒自我的一部分，是更大的整体的一部分，是一座与整个宇宙相连的冰山。你会在那里找到一切答案。当我静坐冥想，亲近自然，或是洗澡的时候，我会有意识地和更高自我相连，在那里寻找答案。

当你学会倾听更高自我，你的人生会步入正轨，你会看到自己的真实模样，找到应该做的事情；你不会再费力迎合别人的期望，努力融入社会的主流。我知道，要做到这些并不容易，因为曾经的我付出了太多努力。

如果时光可以倒流，我依然不会改变自己的人生轨迹。我尤其感恩 2011 年与韦恩 · 戴尔的相识和之后发生的一切——环游世界，结识不同的人；和热情的观众分享我的故事，帮助他们用不同的眼光看待疾病，减轻他们的恐惧；而最可贵的，就是和正阅读本书的你，还有其他从事类似工作的讲者和导师建立了联系。我重建了自己的世界。如果我没有坚持信念，如果我没有遵从内心，这一切都不会发生。

想想看：如果你遵从内心，允许自己勇敢地拥抱一切可能，你的未来会是什么模样？

冥想——坦然做自己

当你迈出无畏生活的第一步，我建议你每天都做一做这个练习。你将看到真实的自我，感受到自爱与平静——以绝佳的状态面对世界，发出自己的声音，对宇宙大喊:“来吧！我准备好了！”

“每一天

我都坦然做自己。

我允许每一个想法出现，我不会批判它们。

我接纳每一个当下的自己。

如果感到害怕，我会充满爱意地拥抱自己，而不是压抑真实的情绪，

直到恐惧消失。

我愿意做真实的自己。”

表达真实的自己，迎接全新的生活方式。

今天就开始改变，治愈自己，治愈我们赖以生存的家园。

致谢

在我看来，这是全书最重要的部分，我想感谢每一个在旅途中陪伴我（不论方式如何，直接或间接）成就了这本书的人。

首先，我要感谢最佳经纪人斯蒂芬妮·塔德（Stephanie Tade）。她的“最佳”名副其实——不仅解决了我的签证问题，促成了我和西蒙与舒斯特公司（Simon & Schuster）的出版协议，还为我找到了优秀的编辑！感谢你，斯蒂芬妮，你是最棒的！

说到编辑，如果没有凯莉·马龙（Kelly Malone），就不会有这本书。凯莉也是共情者，她能理解我想表达的一切。她能读懂我的想法，帮助我把创作的灵感转化成文字。凯莉，我想对你说一万次感谢，感谢上天让你出现在我的生命里，让你成为这本书的编辑，这对我来说意义非凡。因为你的支持和鼓励，我才能如此顺利地完成这本书。

我还要感谢美丽的哲娜·穆兹卡（Zhena Muzyka），是她代表西蒙与舒斯特公司选择了这本书。哲娜，你慷慨大方，善于交际，在我眼里，你就像一只美丽的独角兽（如果独角兽真的存在的话）。感谢你的出现和给我的友谊。

我还想感谢黛布拉·奥利维尔（Debra Olivier），在这本书的写作初期你给了我太多帮助。我从你身上学到了许多，谢谢你帮我打造这本书的雏形，让它有机会成为今天的模样。

感谢丹妮拉·韦克斯勒（Daniella Wexler）和隆恩·乐（Loan Le），两位西蒙与舒斯特公司的优秀编辑，感谢你们一直以来的耐心和奉献，感谢你们对这本书重要性的认可，感谢你们直到出版一刻的陪伴！

感谢一直在幕后支持我的优秀团队，是你们的辛勤劳动让一切正常运行，你们尽职尽责、不计得失，特别是罗兹（Roz）和米莱娜（Milena），谢谢你们。

最后，感谢我的爱人，我亲爱的丈夫丹尼。和你一起感受世界，讨论时空和存在的奥秘总是那么快乐。感谢你的出现，我永远爱你。你是我的动力，是让我飞翔的风。

我还要感谢每一位共情者，尤其是这些年来通过书信，或当面告诉我他们从我和我的经历中看到了自己影子的共情者，你们是这本书的灵感来源。我还想感谢每一位正阅读本书的你和给我来信的读者，感谢你们的支持、你们的来信、你们给我的爱。没有你们，我不会成为今天的我。

注释

引言

1 克里斯蒂·诺思罗普（Christiane Northrup），医学博士，《将共情变为超能力的八种方法》（*8 Ways to Turn Your Empathy into a Super Power*），2018 年 3 月 21 日 访 问，https://www.drnorthrup.com/8-ways-to-turn-your-empathy-into-a-super-power/.

第一章：你是共情者吗?

2 伊莱恩·阿伦（Elaine N. Aron），博士，《高度敏感者》（*The Highly Sensitive Person: How to Thrive When the World Overwhelms You*）（多伦多：Citadel 出版社，2013)，Kindle 版本，loc 561。

3 朱迪斯·奥尔洛夫（Judith Orloff），医学博士，《共情者生存指南》（*The Empath's Survival Guide: Life Strategies for Sensitive People*）(Boulder, CO: Sounds True, 2017), Kindle 版本，loc 59。

第三章：共情者该怎样生活？

4 乔·迪斯本扎博士（Dr. Joe Dispenza），《启动你的内在治愈力》（*You Are the Placebo: Making Your Mind Matter*）(Carlsbad, CA: 海氏出版社, 2014), Kindle 版本, loc 1166. 47。

5 朱迪斯·奥尔洛夫（Judith Orloff），《共情者生存指南》, loc 104。

6 同上, loc 108。

7 马特·卡恩（Matt Kahn），《为你而作：饱含爱意的灵魂进化指南》（*Everything Here Is to Help You: A Loving Guide to Your Soul's Evolution*）(Carlsbad: 海氏出版社, 2018), Kindle 版本, loc 77。

8 威廉·巴特勒·叶芝（William Butler Yeats），《蜿蜒的楼梯和其他诗歌：摹本》（*The Winding Stair and Other Poems: A Facsimile Edition*）（纽约：Scribner, 2011), 第 81 页。

第四章：放声"自我"

9 安妮塔·穆贾尼（Anita Moorjani），《假若人间便是天堂》（*What If This Is Heaven? How Our Cultural Myths Prevent Us from Experiencing Heaven on Earth*）(Carlsbad, CA: 海氏出版社, 2016), Kindle 版本, 第 174 页。

10 加伯 · 马特（Gabor Maté），医学博士，《身体在说“不”：探索压力与疾病的关系》（*When the Body Says No: Exploring the Stress-Disease Connection*）(Hoboken, NJ: 威利出版社, 2011)， Kindle 版本，loc 307。

11 哈莉特 · 布朗（Harriet Brown），“自我的繁荣与萧条：越少关注自尊就越健康”（“The Boom and Bust Ego: The Less You Think about Your Own Self-Esteem, the Healthier You'll Be”），Psychology Today, January 1, 2012, https://www.psychologytoday.com/us/articles/201201/the-boom-and-bust-ego.

12 布莱恩 · 约翰逊（Brian Johnson），“关于成瘾的三个观点”（“Three Perspectives on Addiction”），Journal of the American Psychiatric Organization, June 1, 1999, https://journals.sagepub.com/doi/pdf/10.1177/00030651990470031301.

13 伊迪丝 · 伊娃 · 伊格尔（Edith Eva Eger），博士，《选择：拥抱可能》（*The Choice: Embrace the Possible*）(New York: Scribner, 2017), Kindle 版本，第 116 页。

第六章：当身体开始反抗

14 朱迪斯 · 奥尔洛夫（Judith Orloff），医学博士，《共情者生存指南》（*The Empath's Survival Guide*），loc 2509。

15 布鲁斯 · 利普顿（Bruce H. Lipton），博士，“心智、成长和物质”（“Mind, Growth, and Matter”），June 7, 2012, https://www.brucelipton.com/resource/interview/mind-growth-and-matter.

16 埃斯特 · 希克斯（Esther Hicks），亚伯拉罕 · 希克斯（Abraham Hicks）(2004 年 10 月 2 日马萨诸塞州波士顿工作坊), https://www.abraham-hickslawofattraction.com/2004102-boston-ma-mp3-complete-workshop-recording.html.

17 阿尔伯特 · 爱因斯坦（Albert Einstein），《爱因斯坦谈宇宙宗教及其他观点、格言》（*Einstein on Cosmic Religion and Other Opinions and Aphorisms*）(Mineola, NY: Dover Publications, 2012), Kindle 版本，loc 356。

18 凯利 · 努南 · 戈尔斯（Kelly Noonan Gores），《超愈力：发掘无限潜力，唤醒内在治愈力》（*Heal: Discover Your Unlimited Potential and Awaken the Powerful Healer Within*）(New York: Atria Books, 2019), 第 4 页。

19 布鲁斯 · 利普顿（Bruce H. Lipton），博士，《信念的力量》（*The Biology of Belief*）(Carlsbad, CA: 海氏出版社，2015), 十周年版本，第

118 页 , Kindle 版本 , loc 2119。

20 乔 · 迪斯本扎博士（Dr. Joe Dispenza），《启动你的内在治愈力》（*You Are the Placebo*）, 第 131 页。

第八章：接受富裕，无须愧疚

21“千禧一代：愿为职场体验减薪 7600 美元”（“Better Quality of Work Life Is Worth a $7,600 Pay Cut to Millennials”），2016 年 4 月 7 日 , Fidelity, https://www.fidelity.com/about-fidelity/individual-investing/better-quality-of-work-life-is-worth-pay-cut-for-millennials.

22 蒂齐亚纳 · 巴基尼（Tiziana Barghini）,“不平等”（“Inequality”），《全球金融》（*Global Finance*）, 2019 年 1 月 1 日 , https://www.gfmag.com/magazine/january-2019/inequality.

23 韦恩 · 戴尔（Wayne Dyer），《目标的力量：用你的力量创造你的世界》（*The Power of Intention: Learning to Co-create Your World Your Way*）(Carlsbad, CA: 海氏出版社 , 2006), Kindle 版本 , loc 2932。

第九章：勇敢说“不”

24 本杰明 · 查普曼（Benjamin P. Chapman）等，“情绪压抑与死亡风险：一份历时十二年的跟踪调查报告”（“Emotion Suppression and Mortality Risk Over a 12-Year Follow-up”），Journal of Psychosomatic Research, 75, no. 4 (October 2013): 381 – 385, https://www.ncbi.nlm.nih.gov/pmc/articles/PMC3939772/.

第十章：打破性别规范

25 艾玛 · 纽伯格（Emma Newburger），“缩小差距：最新研究表明女性收入仅为男性一半”（“Closing the Gap: A New Study Shows that Women Earn Half of What Men Earn”），CNBC Make It, 2018 年 11 月 28 日，https://www.cnbc.com/2018/11/28/study-for-every-dollar-a-man-earns-a-woman-earns-49-cents.html.

26 “2018 年全球性别差距报告”（“Global Gender Gap Report 2018”），世界经济论坛，https://reports.weforum.org/global-gender-gap-report-2018/key-findings/.

第十一章：无畏生活

27 江本胜（Masaru Emoto），《水中隐藏的信息》（*The Hidden Messages in Water*）(New York: Atria Books, 2011), Kindle 版本, loc 127 – 149。

28 以色列魏兹曼科学院 (Weizmann Institute of Science),“量子实验证实：观察会影响现实”（“Quantum Theory Demonstrated: Observation Affects Reality”）, Science Daily, 1998 年 2 月 27 日, https://www.sciencedaily.com/releases/1998/02/980227055013. htm.

关于作者

安妮塔·穆贾尼，《纽约时报》畅销书《死过一次才学会爱：我从癌症、到濒死，到真正的疗愈之旅》（*Dying to Be Me*）和新近出版的《假若人间便是天堂》(*What If This Is Heaven?*) 的作者，同时也是一位拥有神奇经历的女性。她曾身患癌症，并在与之斗争四年后陷入昏迷，濒临死亡。在医生全力抢救她的时候，安妮塔开启了一段濒死之旅，并在旅程中面临抉择——是回归肉体，还是在新世界继续前进。最终，安妮塔选择了前者。在她恢复意识后，她的癌症也开始痊愈，更让医生感到惊奇的是，安妮塔的肿瘤和其他症状在后来的几周完全消失殆尽。

她的著作《死过一次才学会爱：我从癌症、到濒死，到真正的疗愈之旅》全世界销量达一百多万册，被翻译成四十五种语言。安妮塔的出版商海氏出版社（Hay House Inc.）这样评价她的作品："当代经典""外语流行"。此外，已经有好莱坞制片人计划以其作品为原型拍摄专题片。

已故的韦恩·戴尔博士是安妮塔的导师，他在2011年将安妮塔推上了世界舞台。安妮塔是一位出色的演讲者，她成功获得了全球数百万人的关注和认可。她还是奥兹医生秀（*The Dr. Oz Show*）、福克斯新闻（*Fox News*）、今日秀（*Today show*）、CNN《安德森·库珀360度观点》（*Anderson Cooper 360°*）、国家地理频道（National Geographic Channel）特别纪录片《死后世界：生命不息》（*Life After Life*）、香港《明珠档案》（*The Pearl Report*）、菲律宾卡伦·达维拉（Karen Davila）、《抢先一步》（*Headstart*）等节目的特邀嘉宾。著名的英国出版社沃特金斯（Watkins）的《心灵身体精神》杂志（*MIND BODY SPIRIT Magazine*）连续八年将安妮塔列为一百位“全世界最具精神影响力的人物”之一。

安妮塔致力于用自己充满勇气和蜕变的人生故事鼓舞人们。她用优雅、幽默的语言在世界各地座无虚席的活动现场向观众讲述她的真实经历，分享她对拥抱改变、发掘自愈力量、追求自由而充实的人生的思考。

目前，安妮塔和丈夫丹尼在美国生活，继续与世界分享她不同寻常的人生经历。在确诊癌症前，安妮塔和丈夫在香港工作、生活。安妮塔在新加坡出生，父母都是印度人，她熟练掌握英语、粤语和印度方言。

您可以访问安妮塔的网站 www.anitamoorjani.com. 浏览她的在线社区，收看她的每周脸书直播，获取关于拥抱天赋和共情者自我成长的建议。